특급 호텔 총주방장 권희열의 **스페셜 레시피**

아주 특별한 **만찬**

특급 호텔 총주방장 권희열의 스페셜 레시피

아주 특별한 만찬

초판 1쇄 인쇄 | 2015년 11월 25일
초판 1쇄 발행 | 2015년 11월 30일

지은이 | 권희열

펴낸이 | 김호석
펴낸곳 | 도서출판 린
편　집 | 이홍림. 박은주
디자인 | 김현진
마케팅 | 이근섭. 이정호
관　리 | 김소영
등　록 | 제 311-47호
주　소 | 경기도 고양시 일산동구 장항동 776-1번지 로데오 메탈릭타워 405호
전　화 | (02) 305-0210 / 306-0210 / 336-0204
팩　스 | (031) 905-0221
전자우편 | dga1023@hamnail.net
홈페이지 | www.bookdaega.com

ⓒ 2015. 권희열

ISBN　979-11-953738-8-8　　13590

•이 도서의 국립중앙도서관 출판예정도서목록(CIP)은 서지정보유통지원시스템 홈페이지(http://seoji.nl.go.kr)와
국가자료공동목록시스템(http://www.nl.go.kr/kolisnet)에서 이용하실 수 있습니다. (CIP제어번호 : CIP2015030499)

특급 호텔 총주방장 권희열의 **스페셜 레시피**

아주 특별한 만찬

권희열 저

도 서 출 판 린

이 책은 그동안 셰프로 살아오면서 제 나름대로 발견해온 요리의 세계를 어떻게 하면 이제 막 큰 꿈을 키우기 시작하는 이 분야의 후배들에게 도움이 되도록 전해줄 수 있을까 하는 고민에 서 시작되었습니다. 이렇게 책으로 묶어 낼 기회를 얻으니, 미흡하나마 그동안의 고민에 대한 답 을 찾은 느낌입니다.

호황, 또는 불경기의 현장에서 셰프로서 생존하기 위해서는 무엇보다도 차별화된 경험과 그러 한 경험에서 얻어진 많은 노하우가 중요하겠지만, 그보다 더 중요한 것은 현재와 미래의 음식문 화에 얼마만큼 빨리 적응하고 새로운 변화를 받아들이며, 그러한 변화에 따라 각 메뉴마다 트 렌드에 맞게 연출하고 표현하는 능력이 아닐까 생각합니다. 그래서 이 책은 간접 경험을 통해 조금 더 쉽고 빠르게 이러한 노하우를 얻을 수 있도록, 전문성을 겸비한 지침서를 만들고자 하 는 목적으로 집필하였습니다.

스타 셰프들의 음식들을 직접 만들어보며 혼자서도 충분히 그 노하우를 느끼고 익힐 수 있도 록 했고, 되도록 내용을 최소화하면서 최대한 여러 각도로 찍은 사진을 통해 쉽게 풀이할 수 있 도록 노력했습니다. 물론 아직은 미진한 부분도 있으리라 생각되지만, 이 책이 동료와 후배 셰 프들에게 현장에서의 실무능력과 창조성을 높일 수 있는 초석이 될 수 있기를 바랍니다.

그동안 책 작업으로 인한 스트레스를 묵묵히 받아준 아내와 이 책이 나오기까지 도와주신 이 희준, 강대정, 권영회, 이성순, 그리고 사진 작업에 큰 도움을 준 하얏트 호텔의 장성열 셰프에 게 깊은 감사의 마음을 전합니다. 마지막으로 항상 좋은 책 만들기를 고집하는 도서출판 대가 의 김호석 대표님과 늦어진 일정에도 불구하고 웃음으로 기다려주신 임직원, 편집부 여러분께 감사드립니다.

2015년 10월 남산 아래에서
권 희 열

Contents

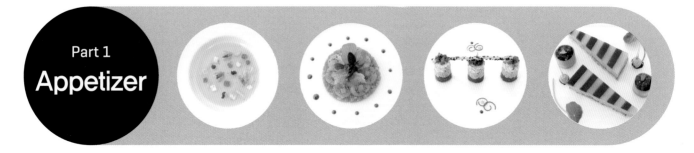

Part 1
Appetizer

Part 2
Hot Appetizer

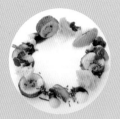

Part 3
Main Dish

Part 4

Dessert

01

Assorted Canape 모듬 카나페

Ingredient 재료

Tuna Tataki Wasabi Cream on
Pickled Cucumber

  Tuna *180g*
  Cucumber *120g*
  Pickled Juice *200㎖*
  Wasabi Cream *30g*

Beetroot Gravadlax Salmon
Wrapped in Asparagus

  Cooked Beetroot *200g*
  Gravadlax Salmon *150g*
  Green Asparagus *10pcs*

Lobster with Hollandaise Osetra
Caviar on Pumpernikal

  Lobster *750g 1ea*
  Hollandaise Sauce *30g*
  Osetra Caviar *30g*

Foie Gras Terrine Calvados
Apple Jelly with Fig Chutney

  Foie Gras Terrine *100g*
  Calvados Apple Jelly *50㎖*
  Fig Chutney *30g*
  Brioche Bread *100g*

Compressed Watermelon
Feta Cheese, Serrano Ham

  Watermelon *200g*
  Feta Cheese *150g*
  Serrano Ham *50g*

Foie Gras Terrine Cassis Jelly
with Fig Chutney

  Foie Gras Terrine *100g*
  Cassis Jelly *50ml*
  Fig Chutney *30g*
  Brioche Bread *100g*

Grilled Eggplant in Onion Marmalade

  Eggplant *100g*
  Onion Marmalade *100g*

Tuna Tataki Wasabi Cream on Pickled Cucumber

오이를 가로세로 2.5cm, 높이 1cm의 네모로 썰어서 피클 물에 30분 동안 담가둔다. 참치는 2.5×2.5cm 넓이로 길게 잘라 소금과 후추로 양념하고, 강한 불에 표면만 살짝 익혀 1cm 두께로 썰어 준비한다. 오이, 참치, 와사비 크림을 올려 마무리한다.

Beetroot Gravadlax Salmon Wrapped in Asparagus

삶은 빨간 무를 곱게 갈아서 소금에 절인 연어 표면에 발라 1mm 두께로 물들인다. 얇게 썰어서 살짝 데친 아스파라거스에 감아준다.

Lobster with Hollandaise Osetra Caviar on Pumpernikel

바닷가재를 삶아서 몸통을 반으로 갈라 소금, 후추, 레몬주스로 양념하고, 굵은 부분과 얇은 부분을 엇갈리게 하여 젤라틴을 발라 랩으로 말아서 둥근 모양을 만들어준다. 토스트한 펌퍼니켈 위에 바닷가재를 올리고 홀랜다이즈 소스를 올려 캐비어로 마무리한다.

Foie Gras Terrin Jelly with Fig Chutney

푸아그라 테린을 작은 틀에 1cm 두께로 펴서 평평하게 만들고 0.3mm 두께로 젤리를 부어 굳힌 뒤 2.5×2.5cm 크기로 잘라서 토스트한 빵 위에 올리고 무화과 잼을 올려 마무리한다.

Compressed Watermelon Feta Cheese, Serrano Ham

수박을 진공팩에 넣어 진공 상태로 하루 정도 두어 준비한다. 수박과 페타 치즈를 넓이 1.5×3.5cm, 높이 1cm로 잘라서 얇게 썬 세라노 햄으로 말아서 마무리한다.

Grilled Eggplant in Onion Marmalade

가지를 얇게 썰어서 그릴에 구운 후 소금과 후추로 양념하여 양파 잼을 넣고 말아준다.

To Finish

보기 좋게 만든 각각의 카나페를 색깔별로 조화를 이루어 접시에 올리고 장식을 한다.

02

Balik Salmon and Lobster Medalion
Green Herb Sauce

발리크 연어와 바닷가재 그린 소스

Poached Lobster *400g*

Balik Salmon *500g*

Pumpernikel *200g*

Boiled Egg *4ea*

Chive Chop *10g*

Micro Mix Herb *some*

Sour Cream *30g*

Ocetra Caviar *50g*

Green Herb Sauce *some*

Saffron Potato *300g*

Ingredient 재료

Balik Salt

Salt *2.5kg*

Sugar *50g*

Lemon Zest *40g*

Juniper Berry *10g*

Coriander Seed *5g*

Black Pepper Ground *10g*

Mustard Seed *8g*

Bay Leaf *2g*

Celeriac Green Stalk chop *200g*

Onion Chop *340g*

Dill Chop *50g*

Parsley Stem Chop *40g*

Green Herb Sauce

Italian Parsley *200g*

Olive Oil *250㎖*

Basil *10g*

Chervil *10g*

Garlic *10g, chopped*

Tarragon *10g*

Salt *some*

White Pepper *some*

Balik Salmon

소금에 각종 허브와 스파이스를 섞어서 준비한다. 뼈와 껍질을 제거한 연어 필렛을 소창으로 감싼다. 사각 용기에 허브 소금을 3cm 두께로 깔고 그 위에 소창에 싼 연어를 올린 후 다시 허브 소금을 3cm 두께로 올려 냉장고에 5시간 정도 보관한다. 꺼낸 연어를 통풍이 잘 되는 철망에 올려 코냑을 발라 다시 12시간가량 냉장고에 보관한 후 2시간 동안 차가운 상태로 스모크를 한다. 50~60g 정도의 직사각형 모양으로 잘라서 사용한다.

Green Herb Sauce

이태리 파슬리와 각종 허브를 곱게 갈아서 올리브 오일과 섞어 소금, 후
추로 양념하여 사용한다.

To Finish

삶은 바닷가재의 몸통 부분을 반으로 잘라서 내장을 제거하고, 녹인 젤
라틴을 발라서 랩으로 둥글게 말아 냉장고에서 굳힌다. 삶은 계란은 흰자
와 노른자를 분리하여 곱게 다져서 토스트한 펌퍼니켈 위에 올린다. 감자
는 0.5cm 두께의 둥근 링으로 잘라서 사프론 물에 삶는다.

03

Beef Carpaccio with Horseradish Sauce and Truffle

비프 카르파초 홀스래디시 소스

Ingredient 재료

Horseradish Cream Sauce

Fresh Cream *500㎖*
Dijon Mustard *20g*
Horseradish *200g*
Salt *some*
White Pepper *some*

Green Herb Puree

Italian Parsley *200g*
Olive Oil *250㎖*
Basil *10g*
Chervil *10g*
Garlic *10g*, chopped
Tarragon *10g*
Salt *some*
White Pepper *some*

Olive Tapenade

Black Olive *100g*
Anchovy *10g*
Garlic *5g*, chopped
Olive Oil *40㎖*
White Pepper *some*

Round Beef *500g*

Avocado *50g*

Beetroot *50g*

Red Radish *200g*

Truffle Slice *50g*

Deep Fry Caper *50g*

Micro Herb *50g*

Horseradish Cream Sauce

믹싱볼에 크림을 넣고 거품기로 계속 저어가면서 휘핑크림을
만들어 겨자와 홀스래디시, 소금과 후추를 넣어 준비한다.

Green Herb Puree

이태리 파슬리와 각종 허브를 올리브 오일에 넣고 곱게 갈아서
소금, 후추로 양념하여 사용한다.

Olive Tepenade

블랙 올리브, 앤초비, 마늘, 후추, 올리브 오일을 믹서에 곱게 갈
아서 사용한다.

To Finish

접시에 슬라이스한 쇠고기를 담고 그 위에 준비한 홀스래디시
크림소스와 그린 허브 퓨레로 포인트를 준 뒤 올리브 타프나드
와 각종 야채 잎을 올려 보기 좋게 장식한다.

Ingredient 재료

Bouillabaisse

Water *3cups*

White Wine *1/2cups*

Onion *1/2ea*, chopped

Garlic *2clove*, chopped

Bay Leaf *1pcs*

Olive Oil *15㎖*

Leek *30g*, chopped

Saffron *1pinch*

Fennel Seed *1t*

Fish Head and Bone *800g*

Prawn *30pcs*

Salmon *400g*

Cod Fish *400g*

Potato *200g*

Zucchini *200g*

Fresh Fennel *200g*

Confit Oil

Olive Oil *2ℓ*

Vanilla Bean *2ea*

Lemon Peel *2ea*

Black Peppercorn *5g*

Sea Salt *10g*

Basil *2pcs*

Dill *4pcs*

Bay Leaf *2pcs*

Ginger *40g*

Coriander Seed *5g*

Garlic *6ea*, sliced

04

Bouillabaisse in Seafood Confit

부야베스 스프와 해산물 콩피

Bouillabaisse

생선 머리와 뼈의 불순물을 제거하고 찬물에 담가 핏물을 뺀다. 팬에 오일을 넣고 양파,
마늘, 대파를 넣고 색이 나지 않을 정도로 볶나가 생선과 와인을 넣어 잡냄새를 제거한
후 물과 향신료를 넣고 낮은 불에서 끓인다. 30분 정도 끓인 후 고운 체에 걸러 부야베
스 스프를 준비한다.

Seafood Confit

새우, 대구, 연어를 콩피 오일에 담가서 60℃의 오븐에서 15분 동안 익혀준다. 펜넬은 얇게
썰어서 준비하고 감자와 호박은 보기 좋게 잘라서 익혀준다.

To Finish

접시에 담을 때 부야베스 스프를 먼저 담은 뒤 해산물과 야채를 나중에 올려 흐트러지지 않게 장식하여 낸다.

05

Chinese Cabbage Crab Roll
with Mango Salsa and
Red Pepper Coulis Parmesan Chip

게살 샐러드 배추 롤과 페퍼 쿨리

Ingredient 재료

Mango Salsa

  Fresh Mango Brunoise *40g*
  Red Onion *10g*, chopped
  Fresh Red Chili *5g*, chopped
  White Wine Vinegar *15㎖*
  Sugar *10g*

Parmesan Tuille

  Parmesan Cheese *200g*

Red Pepper Coulis

  Red Pepper *500g*
  Olive Oil *30ml*
  Lemon Juice *15㎖*
  Salt *some*
  Pepper *some*

Chinese Cabbage Green Leaf *300g*

Crab Meat *300g*

Red Onion Chop *15g*

Italian Parsley Chop *10g*

Caper Chop *30g*

Gherkin Chop *30g*

Mayonnaise *80g*

Lemon Juice *10㎖*

White Pepper *some*

Balsamic Vinegar *200㎖*

Red Pepper Coulis *300g*

Chive *20ea*

Micro Herb *50g*

Method 만드는 방법

Mango Salsa

망고, 적양파, 다진 고추, 식초, 설탕을 잘 섞어 준비한다.

Parmesan Tuille

강판에 내린 파르메산 치즈를 실리콘 페이퍼에 올려 지름 5cm로 둥글게 깔아 180℃의 오븐에 황금빛으로 익을 때까지 10분 동안 굽는다.

Red Pepper Coulis

홍피망을 150℃의 오븐에서 30분 동안 굽는다. 껍질과 씨를 제거한 후 믹서에 올리브 오일과 레몬 주스, 소금, 후추를 넣고 곱게 갈아서 준비한다.

To Finish

게살은 심을 빼고 잘게 찢어서 다진 양파, 다진 파슬리, 케이퍼, 오이 피클, 마요네즈, 레몬주스, 후추를 넣어 잘 섞어준다. 배추는 데쳐서 식힌 후 물기를 제거한다. 랩을 깔고 그 위에 배추를 올리고 양념한 게살 셀러드를 넣고 둥글게 말아 3cm 높이로 잘라서 준비한다.

Ingredient 재료

Foie Gras Terrine

  Duck Liver *1kg*
  Sea Salt *20g*
  Sodium Nitrite *5g*
  5Spice *1pinch*
  Armagnac Cognac *30㎖*

Cassis Liqueur Jelly

  Water *200㎖*
  Earl grey *40g*
  Dry Fig *500g*
  Fig Vinegar *60㎖*
  Cassis Liqueur *200㎖*
  Gelatine *12g*

Apple Calvados Jelly

  Apple *300g*
  Apple Juice *100㎖*
  Lemon Juice *30㎖*
  Sugar *50g*
  Calvados *75㎖*
  Gelatine *10g*

Pineapple Comport

  Pineapple Brunoise cut *500g*
  Honey *200g*
  White Wine Vinegar *200㎖*
  Curry Powder *5g*
  Ginger *3g*, chopped
  Chili *5g*, chopped
  Cinnamon Stick *1ea*
  Raisin *50g*
  Vanilla Bean *1/2ea*
  Lemon Juice *15㎖*
  Brawn Sugar *50g*
  Onion *100g*, chopped

Brioche Bread slice *0.5㎝*

06

Foie Gras Terrine with Calvados and Cassis Jelly Pineapple Comport

칼바도스 애플 젤리와 카시스 젤리를 곁들인 푸아그라 테린

Foie Gras Terrine

실온에서 부드러운 상태의 푸아그라를 손으로 눌러가며 심줄을 제거한다. 1.5cm 두께로 펼처 소금, 오향, 코냑으로 양념한다. 직사각형 틀에 비닐을 깔고, 양념한 푸아그라를 넣고 잘 눌러 빈 공간이 없게 한다. 비닐로 잘 싸서 진공 팩에 넣고 물이 들어가지 않게 하여 65℃의 물에 45분간 익힌 뒤 얼음물에 식혀 사용한다.

Cassis Liqueur Jelly

고운 체에 거른 얼 그레이 티에 마른 무화과를 하루 정도 담가두었다가 커피 필터로 걸러서 200ml를 준비한다. 카시스 리큐르 200ml와 혼합하고 무화과 식초를 넣고 젤라틴을 넣어 젤리를 완성한다.

Apple Calvados Jelly

사과는 껍질과 씨를 제거하고 얇게 썰어서 준비한다. 냄비에 사과, 사과주스, 레몬주스, 설탕을 넣고 중불에서 30분 동안 끓여준다. 믹서에 곱게 갈아 고운 체에 걸러서 칼바도스 브랜디를 넣고 젤라틴을 넣어 젤리를 완성한다.

Pineapple Comport

모든 재료를 넣고 낮은 불에서 나무 주걱으로 타지 않게 잘 저어주며 30~40분 동안 잼 농도가 될 때까지 졸인다.

To Finish

2개의 얇은 팬에 5cm 두께의 사각 틀을 놓고 그 안에 푸아그라 테린을 1cm 두께로 잘라서 공간 없이 일정한 두께로 펼친다. 그 위에 각각 카시스 젤리와 사과 칼바도스 젤리를 중탕으로 녹여 0.3mm 두께로 부어준다. 냉장고에 넣고 굳혀서 1cm 두께로 잘라 서로 다른 색이 되도록 붙여서 적당한 크기로 잘라서 토스트한 브리오슈 빵에 올려 접시에 놓는다.

07

Poached Boston Lobster Salad on Zucchini Net

보스턴 바닷가재 샐러드

Ingredient 재료

Lemon Dressing

Lemon Juice 120㎖
Water 80㎖
Olive Oil 180㎖
Sugar 20g
Salt some
White Pepper some

Lobster 3kg

Zucchini 600g

Truffle Slice 150g

Salmon Confit 150g

Confit Oil

Olive Oil 2ℓ
Vanilla Bean 2ea
Lemon Peel 2ea
Black Peppercorn 5g
Sea Salt 10g
Basil 2pcs
Dill 4pcs
Bay Leaf 2pcs
Ginger 40g
Coriander Seed 5g
Garlic 6ea, sliced

Lemon Dressing

레몬주스, 물, 설탕을 믹싱볼에 넣고 올리브 오일을 조금씩 부어가며 액체와 오일이 분리되지
않게 거품기로 잘 저어준다. 소금, 후추로 마무리한다.

Confit Oil

올리브 오일에 향신료와 허브를 넣고 60℃의 오븐에서 1시간 동안 가열한 후 식혀서 커피 필터로
걸러 준비한다.

To Finish

바닷가재는 삶아서 레몬 드레싱에 재워두고 호박은 얇게 썰어 방석 모양으로 엮어서 레몬 드레싱
을 발라준다. 연어는 콩피 오일에 60℃로 10분간 익힌다. 접시에 엮어놓은 호박을 깔고 바닷가재
와 연어 콩피를 올려 레몬드레싱을 뿌린 뒤 어린 잎으로 상식한다.

Ingredient 재료

Rucola Crepe

Egg *3ea*
Flour *1/4cups*
Milk *1/2cups*
Salad Oil *30㎖*
Rucola Juice *1/2cups*
(Fresh Rucola *200g*, Water *200㎖*)

Gervaise

Butter *80g*
Cream Cheese *200g*
Sour Cream *100g*
Milk *20㎖*
Dill *5g*, chopped
Parsley *5g*, chopped
Garlic *10g*, chopped
Salt *some*
White Pepper *some*

Lemon Dressing

Lemon Juice *120㎖*
Water *80㎖*
Olive Oil *100㎖*
Sugar *15g*
Salt *some*
White Pepper *some*

Smoked Salmon Slice *2㎜ 300g*

Rucola Crepe *2㎜ 200g*

Fennel *100g*, thin slice

Osetra Caviar *15g*

Dill *5g*, chopped

Lemon Dressing *100㎜*

*Fennel Seed Lavoshe
Gervais* *100g*

Rucola Crepe
Smoked Salmon Roulade
Fennel Carpaccio Dill Lemon Dressing

연어 루콜라 크레페 딜 레몬 드레싱

Method 만드는 방법

Rucola Crepe

루콜라를 곱게 갈아 고운 체에 걸러서 루콜라주스를 만든다. 계란, 밀가루, 우유, 샐러드 오일을 넣고 거품기로 잘 저어 고운 체에 거른 뒤 코팅 팬에 얇게 펴 낮은 불로 익혀 크레페를 만든다.

Gervaise

실온에서 버터를 부드럽게 하여 전동 거품기로 저어준다. 크림치즈, 사워크림, 우유, 딜, 파슬리, 다진 마늘을 넣고 잘 섞어준다. 소금, 후추로 간을 하여 마무리한다.

Lemon Dressing

레몬주스, 물, 설탕을 믹싱볼에 넣고 올리브 오일을 조금씩 부어가며 액체와 오일이 분리되지 않게 거품기로 잘 저어준다. 소금, 후추로 마무리한다.

To Finish

훈제 연어를 얼려서 2mm 두께로 얇게 썬다. 연어 위에 허브 크림치즈(Gervaise)를 바르고 그 위에 루콜라 크레페를 올리고 다시 허브 크림치즈를 발라 공간이 생기지 않게 둥글게 말아준다. 펜넬은 1mm 두께로 얇게 썰고 레몬 드레싱에 다진 딜을 넣어 펜넬에 발라준다.

09

Confit of Salmon Panko Bread Crumb Asparagus Lemon Dressing

연어 콩피와 크리스피 아스파라거스

Ingredient 재료

Confit Oil

Olive Oil 2ℓ
Vanilla Bean 2ea
Lemon Peel 2ea
Black Peppercorn 5g
Sea Salt 10g
Basil 2pcs, Dill 1pcs, Bay Leaf 2pcs
Ginger 40g
Coriander Seed 5g
Garlic 6ea, sliced

Salmon 90g×10ea

Green Asparagus 10ea

Panko Bread Crumbs 300g

Whole Egg 2ea

Flour 50g

Salmon Egg 50g

Green Herb Puree 50g

Micro Herb 50g

Green Herb Puree

Italian Parsley 200g
Olive Oil 250㎖
Basil 10g
Chervil 10g
Garlic Chop 5g
Tarragon 10g
Salt some

Method 만드는 방법

Confit Oil
올리브 오일에 향신료와 허브를 넣고 60℃ 오븐에서 1시간 동안 가열한 후 식혀서 커피 필터로 걸러 준비한다.

Green Herb Puree
이태리 파슬리와 각종 허브를 올리브 오일에 곱게 갈아서 소금, 후추로 양념하여 사용한다.

To Finish
60℃로 30분 동안 예열한 오븐에 60g씩 자른 연어를 콩피 오일에 잠기게 넣고 15~18분 동안 익혀서 준비한다.
아스파라거스는 살짝 데쳐서 밀가루, 계란물, 빵가루를 묻혀 기름에 튀긴다. 허브 잎으로 장식하여 낸다.

10

Salmon Tartar
Scallop Grapefruit Ceviche
Herb Salad

연어 타르타르와 관자 세비체

Ingredient 재료

Green Herb Sauce

Italian Parsley *200g*
Olive Oil *250ml*
Basil *10g*
Chervil *10g*
Garlic chop *5g*
Tarragon *10g*
Salt *some*
White Pepper *some*

Scallop Ceviche

Scallop 0.3mm slice 70ea
Lemon Juice *40ml*
Lemon Zest *5g*
Shallot *10g*, chopped
Dill *5g*, chopped
Salt *some*
White Pepper *some*
Olive Oil *100ml*

Salmon Tartar

Fresh Salmon Brunoise cut *500g*
Lemon Juice *5ml*
Shallot *15g*, chopped
Dill *5g*, chopped
Lemon Zest *10g*
Salt *some*
White Pepper *some*
Olive Oil *15ml*
Grapefruit Juice *15ml*

Grapefruit Segment *30g*

Herb Salad *200g*

71

Method 만드는 방법

Green Herb Sauce

이태리 파슬리와 각종 허브를 올리브 오일에 곱게 갈아서 소금, 후추로 양념하여
사용한다.

Salmon Tartar

0.5cm 두께로 썬 연어에 레몬주스, 샬롯, 딜, 후추, 올리브 오일, 소금, 다진 레몬
껍질, 자몽주스를 넣어 양념한다.

Scallop Ceviche

0.3mm로 얇게 썬 관자에 레몬주스, 다진 레몬껍질, 샬롯, 딜, 소금, 후추, 올리브
오일을 혼합한 양념을 발라준다.

To Finish

접시에 원형 틀을 놓고 연어 60g을 넣어 잘 펴서 모양을 만든다. 그 위에 관자 세
비체를 올리고, 관자 위에는 자몽 세그먼트를 올린 뒤 허브 샐러드로 장식하고 그
린 허브 소스로 마무리한다.

11

Seafood Terrine
with Green Herb Puree

해산물 테린 그린 퓨레

Ingredient 재료

Seafood Terrine

Sea Bass *500g*
Salmon *500g*
Tuna *500g*
Lemon Zest *15g*
Lemon Juice *30㎖*
White Pepper *1pinch*

Green Herb Puree

Italian Parsley *200g*
Olive Oil *250㎖*
Basil *10g*
Chervil *10g*
Garlic *5g*, chopped
Tarragon *10g*
Salt *some*
White Pepper *some*

Red Pepper Puree

Red Pepper *500g*
Olive Oil *30㎖*
Lemon Juice *5㎖*
Salt *some*
Pepper *some*

Sour Cream *50g*

Balsamic Vinegar *100㎖*

Pansy *100g*

Orange Segment *80g*

Red Radish *50g*

Micro Herb *some*

Seafood Terrine

농어, 연어, 참치를 1.5×1.5cm 크기로 썰어서 다진 레몬껍질과 레몬
주스, 후추를 넣고 양념한다. 사각 틀에 랩을 깔고 색이 엇갈리게 모
양을 만들어 얼린 뒤 1cm 두께로 잘라서 사용한다.

Green Herb Puree

이태리 파슬리와 각종 허브를 곱게 갈아서 올리브 오일에 넣고 소금, 후
추로 양념하여 사용한다.

Red Pepper Puree

홍피망을 150℃의 오븐에 30분 동안 굽는다. 껍질과 씨를 제거한 후 믹
서에 올리브 오일과 레몬주스, 소금, 후추를 넣고 곱게 갈아서 준비한다.

발사믹 식초는 1/5로 조려서 소스로 만든다.

To Finish

접시에 그린 허브 퓨레를 거친 붓을 사용하여 바르고, 그 위에 해산물
테린을 올린다. 여러 종류의 야채와 홍피망 퓨레로 포인트를 주면서 보
기 좋게 장식한다.

Ingredient 재료

**Smoked River Trout
Parfait** *400g*

  Smoked River Trout *200g*
Fresh Salmon *200g*
Fresh Cream *40g*
Lemon Juice *10㎖*
Salt *some*
White Pepper *some*

Lemon Dressing

  Lemon Juice *120㎖*
Water *80㎖*
Olive Oil *180㎖*
Sugar *20g*
Salt *some*
White Pepper *some*

Dill Sour Cream

  Sour Cream *250g*
Gelatine *6g*
Lemon Juice *5㎖*
Dill *5g, chopped*
Salt *some*
White Pepper *some*

Salmon Egg *50g*

Cucumber *300g, thin slice*

Dill *10g*

12

Smoked River Trout Parfait
in Sour Cream on Cucumber Carpaccio
with Keta Caviar

오이 피클을 곁들인 송어 파르페

80

Method 만드는 방법

Smoked River Trout Parfait

훈제한 송어와 연어, 크림, 레몬주스를 넣고 미서에 곱게 갈아서 소금, 후추로 간을 한다. 파이핑 백에 담아 파르페 틀 바닥에 0.7mm 두께로 평평하게 짜준다. 그 위에 딜 사워크림을 0.7mm 두께로 짜준다. 냉장고에 넣어 굳힌 다음 그 위에 송어 파르페를 같은 두께로 짜서 굳힌다.

Dill Sour Cream

다진 딜과 레몬주스, 소금, 후추로 양념한 사워크림에 젤라틴을 넣어 굳지 않게 준비해놓는다. (파르페를 만들 때 짜기 쉽게)

Lemon Dressing

레몬주스, 물, 설탕을 믹싱볼에 넣고 올리브 오일을 조금씩 부어가며 액체와 오일이 분리되지 않게 거품기로 저어준다. 소금, 후추로 마무리한다. 오이는 1mm 두께로 얇게 썰어서 레몬 드레싱을 발라준다.

To Finish

접시에 얇게 슬라이스한 오이를 놓고 그 위에 송어 파르페를 대각선 방향으로 올린 후 준비된 딜 사워크림으로 장식하여 마무리한다.

13

Crab Remoulade Smoked Salmon Horseradish Cream Balsamic and Sesame Grissini

훈제 연어 게살 샐러드 롤

Ingredient 재료

Crab Remoulade

Crab meat *300g*
Red Onion *15g*, chopped
Italian Parsley *5g*, chopped
Caper *30g*, chopped
Gherkin *30g*, chopped
Mayonnaise *80g*
Lemon Juice *10㎖*
White Pepper *some*

Sesame Grissini Stick

Water *120㎖*
Fresh Yeast *10g*
Bread Flour *200g*
Olive Oil *10㎖*
1day Old Ciabatta Dough *70g*

Horseradish Cream Sauce

Fresh Cream *500㎖*
Dijon Mustard *20g*
Horseradish *200g*
Salt *some*
White Pepper *some*

Smoked Salmon Slice *300g*

Red Radish Slice *40ea*

Deep Fry Caper *60ea*

Horseradish Cream *50g*

Balsamic Vinegar *200㎖*

Micro Herb *50g*

Sesame Grissini Stick *10ea*

Crab Remoulade Salad

게살은 심을 빼고 잘게 찢어서 다진 양파, 다진 파슬리, 케이퍼, 오이 피클, 마요네즈, 레몬주스, 후추를 넣어 잘 섞어준다.

Horseradish Cream Sauce

믹싱볼에 크림을 넣고 거품기로 계속 저어 휘핑크림을 만들고 겨자와 홀스래디시, 소금, 후추를 넣어 준비한다.

Sesame Grissini Stick

재료를 혼합하여 찬물로 반죽을 만든 뒤 실온에서 1시간 30분~2시간가량 발효시킨다. 반죽을 칠 때의 결과 같은 방향으로 길게 모양을 만들어 표면에 달걀노른자를 바른다. 깨를 올리고 180℃로 예열된 오븐에 10분 정도 굽는다.

To Finish

2mm 두께로 얇게 준비한 훈제 연어에 게살 레물라드 샐러드를 손가락 굵기로 펼쳐서 둥글고 길게 말아준다. 랩을 바닥에 깔아서 말면 모양이 잘 나온다. 홀스래디시 크림소스는 파이핑 백에 준비하고, 발사믹 식초는 1/5로 낮은 불에서 조려서 준비한다. 참깨스틱과 허브로 장식하여 낸다

14

Smoked Salmon Lasagna on Salsa Verde with Lobster Pepper Oil

그린 살사를 곁들인 연어 라자냐

Ingredient 재료

Salsa Verde *200g*

Green Pimiento Brunoise cut *60g*
Cucumber Brunoise cut *60g*
Spring Onion *60g*, chopped
Cornichon *10g*
Shallot *5g*
Green Chili *1/2cups*, chopped
Garlic *5g*, chopped
Caper *10g*, chopped
Basil *5g*, chopped
Italian Parsley *10g*, chopped
Olive Oil *45㎖*
Salt *some*
White Pepper *some*

Rucola Crepe

Egg *3ea*
Flour *11/4cups*
Milk *1/2cups*
Salad Oil *30㎖*
Rucola Juice *1/2cups*
(Fresh Rucola *200g*, Water *200㎖*)

Crustacean Pepper Oil

Lobster or Crayfish *300g*
Garlic Clove *1ea*
Thyme Spring *1bunch*
Bay Leaf *1pcs*
Black Pepper Corn *10pcs*
Olive Oil *200㎖*
Tomato Paste *30g*
Red Pepper Puree *80g*
Gelatine *3g*

Smoked Salmon 2mm Slice *300g*

Lasagna Sheet *200g*

Ocietra Caviar *30g*

Method 만드는 방법

Salsa Verde

청피망, 오이, 실파, 오이 피클, 샬롯은 잘게 자르고 다진 마늘, 청고추, 케이퍼, 바질, 이태리 파슬리
는 곱게 다진다. 잘라놓은 각종 야채를 섞어 올리브 오일과 소금, 후추로 양념한다.

Crustacean Pepper Oil

바닷가재나 크레이피시(민물가재)를 130℃의 오븐에서 40분 동안 바삭하게 구워 잘게 부순다. 팬에 올
리브 오일을 두르고 잘게 부순 바닷가재와 토마토 페이스트를 넣어 잘 볶는다. 각종 향신료를 넣고 낮
은 불에서 30분 동안 끓여준 뒤 고운 체에 거른다. 이렇게 만들어진 바닷가재 오일 20mm에 홍피망 퓨
레 80g을 혼합하여 젤라틴 3g을 넣고 얇은 팬에 1cm 두께의 높이로 굳혀서 사용한다.

Rucola Crepe

루콜라주스를 만들어 고운 체에 거른다. 밀가루, 우유, 계란, 샐러드 오일, 루콜라주스를 넣고 잘 섞어서
고운 체에 걸러 낮은 불로 팬에 얇게 전병을 만든다. 연어는 2mm 두께로 썰고, 라자냐는 삶아서 레이어
로 만든다. 2.5×2.5cm 크기로 잘라서 사용한다.

To Finish

접시에 직사각형의 틀을 올리고 준비된 살사 버데를 일정한 높이로 채워 모양을 낸 뒤 틀은 제거한다.
그 위에 연어 라자냐를 보기 좋게 올리고 바닷가재 페퍼 오일로 장식한다.

Ingredient 재료

Green Tea Jelly

Green Tea Essence *1T*
Green Tea *1T*
Hot Water *300㎖*
Gelatine *10g*

Smoked Salmon Terrine *2kg*

Fresh Salmon Fillet *800g(400g×2)*
Carrot *100g*
Celeriac *100g*
Zucchini Skin *100g*
Green Pea *50g*
Tomato Consomme Jelly *1 ℓ*

Tomato Consomme Jelly

Fresh Tomato Juice *1 ℓ*
Bay Leaf *1pcs*
Thyme *1bunch*
Garlic *1ea*
Star Anise *1ea*
Sugar *15g*
Salt *1t*
Gelatine *34g*

Fennel Lavoshe

Flour 260g
Salt 5g
Sugar 5g
Egg 25g
Butter 50g
Water 70g
Fennel Seed 1T
Bake at 170℃ for 10min

Smoked Salmon Terrine 1kg

Osetra Caviar 50g

Green Tea Jelly 100g

Sour cream 80g

Cumin Lavoshe 10ea

Chervil Leave 10ea

15

Smoked Salmon Terrine
with Tomato Jelly Osetra Caviar

훈제연어 테린과 토마토 젤리

Green Tea Jelly

그린 티를 필터로 걸러서 그린 티 에센스를 섞은 후 젤라틴을 넣고 평평한 그릇에 0.5cm 두께로 부어 굳힌다.

Smoked Salmon Terrine

연어를 두께 1cm, 넓이 6cm, 길이 30cm로 잘라 준비한다(400g×2ea). 연어를 15분 동안 훈제하여 진공 팩에 넣어 50℃의 물에 20분 동안 살짝 익힌다. 야채는 살짝 데쳐서 준비한다. 테린 틀에 랩을 깔고 야채를 깔고 토마토 젤리를 부어 굳힌 다음 연어를 올린다. 연어의 위와 가장자리 부분에 야채와 토마토 젤리를 충분히 넣어 빈 공간이 없도록 한 뒤 냉장고에서 굳힌다.

Tomato Consomme Jelly

토마토주스에 월계수잎, 타임, 마늘, 스타아니스, 설탕, 소금을 넣고 낮은 불에서 10분 동안 서서히 끓인 뒤 커피 필터에 걸러서 젤라틴을 넣어 준비한다. 연어 테린은 1.5cm 두께로 썰어서 준비한다. 요리용 전동 커터를 이용하면 부서지지 않고 잘 잘린다.

To Finish

접시에 연어 테린을 담고 일정한 간격으로 그린 티 젤리를 배치하여 보기 좋게 장식한다.

Ingredient 재료

Tomato Yanggeng

Tomato Can *750g*
Shallot *50g, chopped*
Semi Tomato *150g*
Sugar *10g*
Parma Ham *50g*
Agar–agar *8g*
(Tomato Puree *1ℓ*)
Olive Oil *15㎖*
White Wine *75㎖*

Pumpkin Yanggeng

Pumpkin *800g*
Water *200㎖*
Sugar *50g*
Salt *1t*
Agar–agar *8g*
(Pumpkin Puree *1ℓ*)

Cauliflower Mousse

Cauliflower *500g*
Fresh Cream *200㎖*
Salt *1t*

Broccoli Mousse

Broccoli *500g*
Olive Oil *100㎖*
Spinach *50g*
Salt *1t*
White Pepper *some*

Tomato Yanggeng *300g*

Pumpkin Yanggeng *300g*

Cauliflower *100g*

Cauliflower Puree *50g*

Broccoli *100g*

Broccoli Puree *50g*

Zucchini *50g*

Micro Herb *50g*

16

Pumpkin and Tomato YangGeng with Micro Vegetable

호박과 토마토 양갱

Tomato Yanggeng

팬에 오일을 두르고 샬롯을 볶다가 와인을 넣고 약간 졸여서 캔 토마토, 세미 토마토, 파르마 햄, 설탕을 넣어 낮은 불에서 20분 동안 끓인다. 파르마 햄을 건져내고 곱게 갈아서 고운 체에 걸러 토마토 퓨레 1L를 만든디. 만들어진 퓨레에 한천을 넣고 5분간 끓여서 2×2×10cm 크기의 틀에 넣어 냉장고에서 굳혀서 사용한다.

Pumpkin Yanggeng

껍질과 씨를 제거한 호박을 삶아서 곱게 갈고 설탕, 소금을 넣고 고운 체에 걸러서 호박 퓨레 1L를 만든다. 만들어진 퓨레에 한천을 넣고 5분간 끓여서 2×2×10cm 크기의 틀에 넣어 냉장고에서 굳혀서 사용한다.

Cauliflower Mousse

콜리플라워는 줄기를 제거하고 끓는 물에 부드럽게 삶는다. 반으로 졸인 크림을 넣고 끓여서 곱게 갈아 고운 체에 걸러서 사용한다.

Broccoli Mousse

브로콜리를 부드럽게 데쳐서 물기를 제거한다. 시금치와 올리브 오일을 소금, 후
추를 넣고 믹서에 곱게 갈아 고운 체에 걸러서 사용한다.

To Finish

토마토 양갱과 호박 양갱을 0.5cm 두께로 잘라서 서로 색이 대비되도록 붙여서
준비한다. 작게 잘라서 데친 콜리플라워와 브로콜리를 접시에 예쁘게 장식한다.

17

Tartar in Corn 해산물 타르타르

Ingredient 재료

Salmon Tartar

Salmon Brunoise *100g*
Shallot *10g*, chopped
Dill *1pinch*, chopped
Lemon Juice *some*
Lemon Zest *1pinch*
White Pepper *some*
Salt *some*

Sea Bass Tartar

Sea Bass Brunoise *100g*
Shallot *10g*, chopped
Dill *1pinch*, chopped
Lemon Juice *some*
Lemon Zest *1pinch*
White Pepper *some*
Salt *some*

Tuna Tartar

Tuna Brunoise *100g*
Shallot *5g*, chopped
Dill *1pinch*, chopped
Lemon Juice *some*
Lemon Zest *1pinch*
White Pepper *some*
Salt *some*

Scallop Tartar

Scallop Brunoise *100g*
Shallot *10g*, chopped
Dill *1pinch*, chopped
Lemon Juice *some*
Lemon Zest *1pinch*
White Pepper *some*
Salt *some*
Keta Caviar *some*

Oven Dry Cherry Tomato 15ea

Spring Roll Skin 5ea

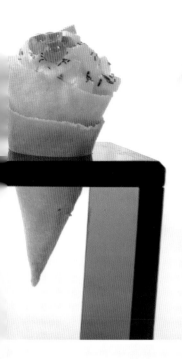

Method 만드는 방법

Salmon Tartar

연어를 0.5cm 두께로 썰어 다진 샬롯, 딜, 레몬주스,
다진 레몬껍질, 후추, 소금으로 양념하여 준비한다.

Sea Bass Tartar

농어를 0.5cm 두께로 썰어 다진 샬롯, 딜, 레몬주스,
다진 레몬껍질, 후추, 소금으로 양념하여 준비한다.

Tuna Tartar

참치를 0.5cm 두께로 썰어 다진 샬롯, 딜, 레몬주스,
다진 레몬껍질, 후추, 소금으로 양념하여 준비한다.

Scallop Tartar

관자를 0.5cm 두께로 썰어 다진 샬롯, 딜, 레몬주스,
다진 레몬 껍질, 후추, 소금으로 양념하여 준비한다.

To Finish

준비된 틀에 완성된 각각의 타르타르를 색의 조화를
잘 맞추어 담아 낸다.

101

18

Three Color Gazpacho and Cauliflower Soup

삼색 가스파초와 콜리플라워 스프

Ingredient 재료

Tomato Gazpacho

Tomato *500g*
Cucumber *100g*
Onion *10g*
Garlic *1ea*
Green Pimiento *50g*
Bread Crumbs *30g*
Hot Sauce *5ml*
White Wine Vinegar *10ml*
Olive Oil *30ml*
Salt *some*
White Pepper *some*

Green Gazpacho

Cucumber *200g*
Green Pimiento *200g*
Spinach *50g*
Onion *10g*
Garlic *1ea*
Olive Oil *10ml*
White Wine Vinegar *10ml*
Bread Crumbs *30g*
Salt *some*
White Pepper *some*

Yellow Gazpacho

Yellow Cherry Tomato *200g*
Yellow Bell Pepper *200g*
Onion *10g*
Garlic *1ea*
Olive Oil *10ml*
White Wine Vinegar *10ml*
Bread Crumbs *30g*
Salt *some*
White Pepper *some*
Saffron Juice *15ml*

Cauliflower Soup

Cauliflower *500g*
Onion *50g, chopped*
Chicken Stock *100ml*
Fresh Cream *100ml*
Garlic *15g, chopped*
White Wine *50ml*
Bay Leaf *1pcs*
Olive Oil *30ml*
Salt *some*
Pepper *some*

Tomato Gazpacho

토마토는 끓는 물에 데쳐서 껍질을 벗긴다. 토마토, 양파, 피망을 믹서에 곱게 갈아 빵가루, 올리브 오일, 식초, 소금, 후추로 양념하여 고운 체에 걸러 차게 준비한다.

Green Gazpacho

믹서에 오이, 피망, 시금치, 양파, 마늘을 넣고 곱게 갈아서 빵가루, 올리브 오일, 식초, 소금, 후추로 양념하여 고운 체에 걸러서 차게 준비한다.

Yellow Gazpacho

노란색 방울토마토는 끓는 물에 데쳐서 껍질을 벗겨서 준비한다. 토마토, 노란 피망, 양파, 마늘을 믹서에 곱게 갈아 빵가루, 올리브 오일, 사프론주스, 식초, 소금, 후추로 양념하여 고운 체에 걸러서 차게 준비한다.

Cauliflower Soup

우묵한 팬에 올리브 오일을 두르고 양파와 마늘을 낮은 불에서 볶다가 화이트 와인을 넣고 조금 졸여 알코올을 증발시킨다. 콜리플라워, 치킨 스톡, 월계수잎을 넣고 30분 동안 중불에서 끓인다. 샘크림을 넣고 5분간 더 끓여 월계수잎을 건져내고, 믹서에 곱게 갈아 고운 체에 걸러서 소금, 후추로 양념하고 차게 준비한다.

To Finish

차갑게 준비된 실린더에 완성된 각각의 가스파초와 수프를 담아 색의 조화를 이루도록 틀에 넣어 배치한다. 준비된 야채로 장식하여 마무리한다.

19

Crab Avocado Tomato Tian
Sesame Grissini Green Herb Puree

게살 아보카도 토마토 티안 그린 퓨레

Ingredient 재료

Crab Salad

Crab Meat *200g*
Shallot *5g*, chopped
Lemon Juice *5㎖*
Italy Parsley *5g*, chopped
Mayonnaise *30g*
Red Pimiento *10g*
White Pepper *1pinch*

Avocado Salad

Avocado *200g*
Mayonnaise *30g*
Lemon Juice *5㎖*
Salt *some*
White Pepper *some*

Tomato Tartar

Tomato Concasse *200g*
Shallot *15g*, chopped
Olive Oil *15㎖*
Red Wine Vinegar *15㎖*
Basil *1pinch*, chopped
Salt *some*
White Pepper *some*

Green Herb Puree

Italian Parsley *200g*
Olive Oil *250㎖*
Basil *10g*
Chervil *10g*
Garlic *5g*, chopped
Tarragon *10g*
Salt *some*
White Pepper *some*

Sesame Grissini *some*

Crab Salad

게살은 심을 빼고 잘게 잘라서 다진 샬롯, 레몬주스, 파슬리, 마요네즈, 다진 홍피망, 후추를 넣어 잘 섞어준다.

Avocado Salad

아보카도는 잘게 잘라서 마요네즈, 레몬주스, 소금, 후추로 양념한다.

Tomato Tartar

토마토는 껍질을 벗겨 씨를 제거하고 잘게 잘라서 다진 샬롯, 올리브 오일, 레드 와인 식초, 다진 바질, 소금, 후추로 양념한다.

Green Herb Puree

이태리 파슬리와 각종 허브를 올리브 오일에 넣고 곱게 갈아 소금, 후추로 양념하여 사용한다.

To Finish

접시에 원형 틀을 올리고 토마토 타르타르, 아보카도 샐러드, 게살 샐러드를 각각 일정한 높이로 채워 모양을 만든 뒤 틀은 제거한다. 어린 잎을 위에 올려 장식한다.

20

Tomato Jelly Cod Ceviche in Cauliflower Mousse Black Truffle and Cognac Jelly

대구 세비체와 토마토 젤리

Ingredient 재료

Tomato Jelly

Tomato Can *750g*
Shallot *50g*, chopped
Semi Tomato *150g*
Sugar *10g*
Parma Ham *50g*
Agar-agar *8g*
(Tomato Puree *1 ℓ*)
Olive Oil *15㎖*
White Wine *75㎖*

Cauliflower Mousse

Cauliflower *500g*
Fresh Cream *200㎖*
Salt *1t*
Truffle Oil *2drops*

Cognac Jelly

Cognac *600㎖*
Sugar Syrup *400㎖*
Gelatine *32g*

Tomato Jelly *60g×10ea*

Cod Fish Slice *40g×10ea*

Cauliflower Mousse *300g*

Celery Stick *100g*

Lemon Juice *30㎖*

Chive *30g*

Truffle Slice *30ea*

Pansy Flower *30ea*

Cognac Jelly *80g*

Method 만드는 방법

Tomato Jelly

팬에 오일을 두르고 샬롯을 볶다가 와인을 넣고 약간 조려서 캔 토마토, 세미 토마토, 파르마 햄, 설탕을 넣어 낮은 불에서 20분 동안 끓인다. 파르마 햄을 건져내고 곱게 갈아서 고운 체에 걸러 토마토 퓨레 1L를 만든다. 만들어진 퓨레에 한천을 넣고 5분간 끓여서 2×2×10cm 크기의 틀에 넣어 냉장고에서 굳혀서 사용한다.

Cauliflower Mousse

콜리플라워는 줄기를 제거하고 끓는 물에 부드럽게 삶아서 반으로 졸인 크림을 넣고 끓인다. 그 다음 곱게 갈아서 고운 체에 걸러 소금과 송로버섯 오일을 넣어 마무리한다.

Cognac Jelly

코냑과 설탕 시럽을 따뜻하게 데워 젤라틴을 넣고 평평한 그릇에 1cm 두께로 부어 굳혀서 사용한다.

To Finish

뼈와 껍질을 제거한 대구를 살짝 얼려 1mm 두께로 얇게 썰어서 레몬주스, 소금, 후추로 양념하고 샐러리 스틱은 성냥개비 모양으로 잘라서 데친다. 양념한 대구에 콜리플라워 무스를 짜고 데친 샐러리를 넣어 1cm 두께로 둥글게 말아서 준비한다. 코냑 젤리는 둥근 모양의 틀로 찍어서 사용한다.

21

Tuna Nicoise Salad

참치 니수아즈 샐러드

Ingredient 재료

French Dressing
  Olive Oil 150㎖
  Salad Oil 150㎖
  White Wine Vinegar 100㎖
  Water 50㎖
  Dijon Mustard 50g
  Salt 2t
  White Pepper 1t
  Sugar 1T

Pickled Red Onion
  Red Onion Wedge Cut 50g
  Red Wine Vinegar 100㎖
  Water 300㎖
  Salt 1pinch
  Sugar 50g
  Bay Leaf 1pcs
  Mustard Seed 15pcs

Tuna 300g

Quails Egg 10ea

Cherry Tomato 10ea

Potato Small 20ea

Green Beans Stick 20ea

Pickled Red Onion 50g

Sesame White & Black 30g

Watercress 30g

Lima Beans 20g

Salt some

Pepper some

Anchovy Paste 10g

French Dressing 200㎖

Method 만드는 방법

French Dressing

드레싱 재료를 넣고 식초와 오일이 분리되지 않게 오일을 조금씩 부어가며 만들어준다.

Pickled Red Onion

냄비에 식초, 물, 설탕, 소금, 월계수잎, 겨자씨를 넣고 끓인다. 준비한 적양파를 넣고 30초
동안 더 끓인 뒤 물이 들어가지 않게 싸서 얼음물에 식혀 사용한다.

To Finish

200g의 참치를 직사각형으로 잘라 소금, 후추로 양념하고 표면에 검은색, 흰색 참깨를 묻혀 랩으로 말아 얼려놓는다. 달구어진 팬에 참치 표면을 갈색으로 살짝 익혀 0.8mm 두께로 썰어 사용한다. 줄기콩과 리마빈은 끓는 물에 데치고, 감자와 메추리알은 삶아서 준비한다. 앤초비는 올리브 오일에 넣고 갈아 프렌치 드레싱 200ml와 혼합하여 접시에 담고 감자와 콩, 토마토를 올려 마무리한다.

22
Vegetable Relish 야채 스틱

Ingredient 재료

Remoulade Sauce

Red Onion *30g*, chopped
Italian Parsley *15g*, chopped
Caper *40g*, chopped
Gherkin *40g*, chopped
Mayonnaise *300g*
Lemon Juice *15㎖*
White Pepper *some*
Dijon Mustard *10g*

Guacamole

Guacamole Mousse *200g*
Red Onion *15g*, chopped
Red Pimiento *15g*
Green Pimiento *15g*
Salt *some*
White Pepper *some*

Red Paprika Couli

Red Paprika *300g*
Olive Oil *10㎖*
Lemon Juice *10㎖*
Salt *some*
White Pepper *some*

Baby Carrot *10ea*

Yellow Paprika *1ea*

Red Paprika *1ea*

Cucumber *1ea*

Celery *1ea*

Green Beans *1ea*

Radicchio *1/2ea*

Endive *1ea*

Method 만드는 방법

Remoulade Sauce

마요네즈에 다진 적양파, 다진 파슬리, 다진 케이퍼, 다진 피클(Gherken), 레몬주스, 백후추, 겨자를 넣어 잘 혼합한다.

Guacamole

구아카몰에 다진 적양파, 다진 홍피망, 청피망과 소금, 후추로 양념하여 마무리한다.

Red Paprika Couli

파프리카를 150℃ 오븐에 30분 동안 굽는다. 꺼내어 밀폐된 용기에 넣고 10분 정도 놓아두면 부드러워지며 껍질도 쉽게 벗겨진다. 파프리카를 꺼내 씨와 껍질을 제거하고 믹서에 파프리카, 올리브 오일, 레몬주스, 소금, 후추를 넣고 곱게 갈아서 사용한다. 소스로 이용해도 좋다.

To Finish

잘 손질한 여러 야채를 색의 조화를 이루도록 하여 담는다. 작은 칵테일 볼에 준비된 레물라드 소스, 구아카몰, 홍파프리카 쿨리를 각각 담아 같이 올려서 낸다.

23
Zucchini Chicken Mousse Roll
Green Herb Puree

치킨 무스를 채운 호박 롤과 그린 퓨레

Ingredient 재료

Chicken Mousse *500g*

- Chicken Breast *400g*
- Mace *15g*
- Tarragon *5g*, chopped
- Egg White *2ea*
- Whipping Cream *500㎖*
- Salt *5g*

Green Herb Puree

- Italian Parsley *200g*
- Olive Oil *250㎖*
- Basil *10g*
- Chervil *10g*
- Garlic *5g*, chopped
- Tarragon *10g*
- Salt *some*
- White Pepper *some*

Sesame Grissini Stick

- Water *120㎖*
- Fresh Yeast *10g*
- Bread Flour *200g*
- Olive Oil *10㎖*
- 1day Old Ciabatta Dough *70g*

Chicken Mousse *500g*

Zucchini Slice *300g*

Green Peas *50g*

Dill *10g*

Italian Parsley *10g*

Asparagus *10ea*

Green Herb Puree *100g*

Chicken Mousse

닭가슴살을 곱게 갈아서 메이스, 타라곤, 계란 흰자, 휘핑크림, 소금을 넣어 잘 섞어
파이핑 백에 넣는다. 랩을 깔고 치킨 무스를 짜고 중앙에 살짝 데친 아스파라거스를
넣어 두께 3cm, 길이 10cm 크기로 둥글게 말아서 스팀 오븐에 8분 동안 익힌다. 호
박은 1mm 두께로 얇게 썰어서 끓는 물에 살짝 데쳐 물기를 제거한 후 소금, 후추로
양념하여 치킨 무스 롤에 말아서 준비한다.

Green Herb Puree

이태리 파슬리와 각종 허브를 올리브 오일에 넣고 곱게 갈아서 소금, 후추로 양념하여
사용한다.

To Finish

접시에 준비한 그린 허브 퓨레를 거친 붓으로 바르고,
그 위에 치킨 무스 호박 롤을 올린다. 허브와 그리시니
스틱을 올려 마무리한다.

PART 2

Hot
Appetizer

Chilled Avocado Soup with Avocado Mousse Mango Jelly and Smoked Salmon

아보카도 무스, 망고 젤리와 훈제연어를 곁들인 차가운 아보카도 수프

Ingredient 재료

Chilled Avocado Soup

Fresh Avocado 250g
Avocado Mousse 250g
Low Fat Milk 240㎖
Lemon Juice 130㎖
Vegetable Stock 200㎖
Apple Juice 300㎖
Plain Yoghurt 100g
Salt some
White Pepper some

Avocado Mousse

Avocado 4ea
Plain Yoghurt 100g
Lemon Powder 3g
Lime Juice 15㎖
Salt 3g

Yogurt Gel

Greek Yogurt 200g
Agar-agar 3g
Lemon Juice 5㎖
Salt 1t

Mango Jelly

Mango Puree Boiron 175g
Passionfruit Puree
Boiron 75g
Gelatin 6g
Sugar 33g

Salmon Tartar

Smoked salmon 3T, diced
Cucumber 1T, diced
Avocado 1T, diced
Mayonnaise 1T
Yogurt 1T
Olive Oil 1t
Spring Dill 1/4t, chopped
Spring Chive 1/4t, chopped
Lemon Juice 20㎖
Lemon Zest 1/2t, chopped
White Sesame Seed 1/2t
Black Sesame Seed 1/2t
Salt 1t
Cayenne Pepper 1pinch

To Finish

Avocado Soup 150㎖
Smoked Salmon 2ea
Salmon Tartar 1ea
Shaved Avocado 3ea
Avocado Mousse 30g
Black and White
Sesame Seed 1/2t
Yogurt Sauce 1T
Mango Jelly 1T
Dry Olive Powder 1T
Amaranth Leaf some

Method 만드는 방법

Chilled Avocado Soup

아보카도는 껍질을 벗기고 작은 크기로 썰어 준비한다. 준비된 믹서에 아보카도, 아보카도 무스, 저지방 우유, 레몬주스, 사과주스, 야채 국물, 플레인 요거트, 소금, 후추를 넣고 곱게 갈아준다. 완성되면 고운 체에 내려 냉장보관한다.

Avocado Mousse

아보카도는 껍질을 벗기고 작은 크기로 썰어 준비한다. 믹서에 아보카도, 요거트, 레몬파우더, 라임주스, 소금을 넣고 곱게 갈아준다. 고운 체에 내려준 후 사용한다.

Yogurt Gel

소스팬에 요거트, 레몬주스, 소금을 넣고 약불에서 잘 섞는다. 여기에 한천을 넣고 잘 섞어준 후 농도가 완성되면 얼음물에 식혀 사용한다.

Mango Jelly

젤라틴은 차가운 얼음물에 불려준다. 소스팬에 망고 퓨레와 패션프루트 퓨레, 설탕을 넣고 잘 혼합하고, 젤라틴을 섞어준 후 얼음물에 식혀 사용한다.

Salmon Tartar

믹싱볼에 연어, 오이, 마요네즈, 요거트, 올리브 오일, 딜, 차이브, 레몬주스, 레몬 제스트, 깨, 소금, 카이엔페퍼를 넣고 잘 섞는다. 수저를 이용하여 럭비공 모양으로 만들어 낸다.

To Finish

접시에 훈제연어와 연어 타르타르를 가지런히 놓는다. 아보카도와 아보카도 무스, 요거트 소스, 망고 젤리, 깨, 올리브 파우더, 항암초 잎을 놓는다. 아보카도 수프를 부어서 낸다.

132

Ingredient 재료

Eggplant Tortellini Filling

Eggplant *1kg*
Olive Oil *35㎖*
Shallot *35g*, minced
Garlic *15g*, minced
Tomato Concasse *90g*
Basil *20g*, chopped
Lemon Juice *8㎖*
Parmesan Cheese *90g*, grated
Egg Whole *40g*
Egg Yolk *40g*
Salt *5g*
Pepper *some*
Cayenne *some*

Pasta Dough

Semolina *300g*
Flour *700g*
Egg Whole *7ea*
Egg Yolk *210g*

Beetroot Puree

Butter *20g*
Shallot *10g*, minced
White Wine *1/3cups*
Boiled Beetroot *2pcs*
Cream *1/3cups*
Lemon Juice *15㎖*
Salt *1T*

Broccoli Puree

Broccoli *500g*
Olive Oil *30㎖*
Extra-virgin Olive Oil *30㎖*
Ice Cubes *1ea*
Salt *1t*

Beetroot Foam

Beetroot Juice *250㎖*
Lemon Juice *15㎖*
Sugar *1T*
Salt *1T*

To Finish

Eggplant Tortellini *3ea*
Squid Ink *15㎖*
Beetroot Puree *1T*
Broccoli Puree *1T*
Parmesan Cheese *some*, shaved
Beetroot Foam *2T*
Broccoli *some*, small
Chive *some*

02

Eggplant Tortellini with Squid Ink
Beetroot Puree Broccoli Puree
Parmesan Cheese and Beetroot Foam

오징어 먹물 소스와 비트 퓨레, 브로콜리를 곁들인 비트 폼의 가지 토르텔리니

Method 만드는 방법

Eggplant Tortellini Filling

가지는 반으로 잘라 올리브 오일, 소금, 후추, 타임을 골고루 뿌린 뒤 호일로 감싸 170℃의 오븐에서 40~50 분간 로스팅하고 식힌 뒤 1cm 크기로 자른다. 샬롯, 마늘은 곱게 다져 볶아준다. 토마토는 껍질을 벗겨 0.5cm 크기로 썰고, 바질은 곱게 다진다. 믹싱볼에 가지, 샬롯, 마늘, 바질, 치즈, 달걀을 넣고 잘 섞어준다. 레몬주스, 토마토, 소금, 후추를 넣고 간을 한다.

Pasta Dough

모든 재료를 믹싱볼에 넣고 반죽을 만든다. 냉장 상태로 30분간 숙성시킨 뒤 파스타 머신에 넣고 2mm 두께로 밀어준다. 원형 틀로 찍어 준비된 속재료를 넣고 완성한다.

Beetroot Puree

팬에 버터, 다진 샬롯을 넣고 볶아준다. 와인을 넣고 알코올이 날아가도록 끓인 뒤 삶은 비트를 넣고 다시 한 번 볶는다. 크림을 넣고 조려 레몬주스, 소금으로 간을 하고 믹서에 곱게 갈아준다.

Broccoli Puree

끓는 물에 소금을 넣고 브로콜리를 삶아 얼음물에 식힌다. 물기를 제거하고 믹서에 올리브 오일, 얼음, 소금을 넣어 곱게 갈아준다.

Beetroot Foam

비트는 껍질을 벗기고 주스 믹서에 넣고 갈아준다. 준비된 비트주스에 레몬주스, 설탕, 소금으로 간을 한다. 음식을 낼 때 핸드 믹서를 이용하여 거품을 만들어 사용한다.

To Finish

준비된 접시에 붓을 이용하여 오징어 먹물을 칠한다. 그 위에 가지를 넣은 토르텔리니를 올리고 비트 퓨레, 브로콜리 퓨레를 놓는다. 가니쉬로 파르메산 치즈, 비트 폼, 차이브, 브로콜리, 꽃으로 장식한다.

03

Filled Chicken Supreme with Sweet Potato Puree Potato Galette Sponege Cake Creamy Spinach Morel Sauce

고구마 퓨레, 감자 갈라테, 시금치, 스폰지 케이크 그리고 모럴버섯 소스와 모럴버섯을 채운 닭가슴살 구이

Ingredient 재료

Filled Chicken Supreme

Chicken Breast *500g*
Cream *200㎖*
Cognac *30㎖*
Salt *some*
Pepper *some*

Morel Mushroom *100g*
Morel Juice *50㎖*
Shallot *50g*, minced
Brandy *20㎖*
Sun Dry Tomato Chop *50g*
Parsley Chop *50g*
Olive Oil *10㎖*

Sweet Potato Puree

Diced Sweet Potato *5ea*
Onion *0.5ea*, sliced
Butter *20g*
Cream *1/3cups*
Chicken Stock *3cups*
Salt *some*
Pepper *some*

Potato Galette

Potato *1,100g*
Egg Yolk *100g*
Egg Whole *50g*
Flour *205g*
Butter *some*
Nutmeg *3pinch*
Salt *some*
Pepper *some*

Creamy Spinach

Spinach *1bunch*
Cream *1/4cups*
Feta Cheese *15g*
Shallot *15g*, minced
Olive Oil *20㎖*
Salt *some*
Pepper *some*

Sponge Cake

Egg White *250g*
Egg Yolk *160g*
Sugar *185g*
Olive Oil *30g*
Almond Flour *50g*
Vanilla Bean *1ea*
Flour *155g*
Spinach Juice *30㎖*

Morel Sauce

Dried Morel *25g*
Shallot *15g*, minced
Garlic *1ea*, minced
White Wine *80㎖*
Beef Jus *250㎖*
Cream *100㎖*
Olive Oil *30㎖*
Cold Butter *20g*
Thyme *2g*, chopped
Rosemary *2g*, chopped
Salt *some*
Pepper *some*

Mushroom Foam

Butter *50g*
Shallot *15g*, minced
Morel Mushroom *5ea*
Shiitake Mushroom *5ea*
Button Mushroom *5ea*
White Wine *100㎖*
Chicken Stock *150㎖*
Cream *100㎖*
Salt *some*
Pepper *some*

To Finish

Filled Chicken Supreme *1ea*
Carrot Puree *50g*
Potato Galette *3ea*
Sponege Cake *1cups*
Creamy Spinach *30g*
Confit Tomato *3ea*
Morel Sauce *30㎖*
Mushroom Foam *300㎖*
Spring Rosemary *1bunch*
Spring Thyme *1bunch*

Method 만드는 방법

Filled Chicken Supreme

닭가슴살은 지방을 제거하고 조그만 크기로 자른다. 가슴살과 크림, 코냑, 소금, 후추를 믹서에 곱게 갈아 준비한다. 나머지 닭가슴살은 손질하여 평평하게 편 후 소금, 후추로 밑간을 하여 준비한다. 모럴버섯은 물에 불린 뒤 깨끗이 씻어 곱게 다지고, 버섯을 불린 물은 깨끗이 걸러내어 다시 사용한다. 팬에 올리브 오일, 샬롯, 버섯을 넣고 볶다가 브랜디를 넣어 알코올을 날려준 후 버섯주스를 넣고 졸여 식힌 뒤 말린 토마토, 파슬리를 넣고 잘 섞는다. 미리 준비했던 곱게 간 가슴살과 볶은 버섯을 잘 섞어준 다음 평평하게 편 가슴살에 가지런히 놓고 둥글게 말아준다. 랩으로 다시 한 번 말아준 다음 완성된 치킨을 진공 팩에 넣고 타임, 올리브 오일, 소금, 후추를 넣고 팩을 한다. 수비드 머신을 이용하여 64℃로 50분간 조리한다. 얼음물에 식힌 뒤 버터와 마늘, 타임을 넣고 팬에서 살짝 익혀 표면이 노릇해지면 적당한 크기로 자른 뒤 낸다.

Potato Galette

감자는 푹 삶아 고운 체에 내려준다. 믹싱볼에 모든 재료를 넣고 잘 혼합한다. 완성된 반죽을 파이핑 백에 넣어 준비한다. 랩을 넓게 편 후 파이핑 백을 이용하여 적당한 크기로 길게 짜주고 랩을 단단하게 말아준다. 스팀 오븐에 90℃, 내부 온도 85℃로 맞춘 다음 조리한다. 차가운 얼음물에 식힌 뒤 적당한 크기로 잘라 팬에서 노릇하게 색깔이 나도록 살짝 구워 낸다.

Creamy Spinach

시금치는 손질하여 깨끗이 씻어 준비한다. 팬에 올리브 오일, 샬롯을 넣고 볶다가 시금치를 볶아준다. 크림, 치즈, 소금을 넣고 잘 섞는다.

Sponge Cake

믹싱볼에 모든 재료를 넣고 잘 혼합한다. 종이컵을 준비하여 컵 밑에 여러 군데 칼집을 넣는다. 반죽을 컵에 1/3 분량만 부은 뒤 전자레인지에 50초간 조리한다. 컵에서 빼내어 적당한 크기로 잘라 사용한다.

Morel Sauce

모럴버섯은 물에 불려 깨끗이 씻어 손질한다. 소스팬에 오일, 마늘, 샬롯을 천천히 볶다가 버섯을 넣고 볶아준다. 여기에 화이트 와인을 넣어 와인 향을 날려준다. 크림을 넣고 졸이다가 비프 소스를 붓고 끓인 다음 타임, 로즈마리, 소금, 후추로 간을 한다. 걸죽하게 소스의 농도가 완성되면 버터를 넣고 몬테를 한 후 사용한다.

Mushroom Foam

버섯은 손질하여 썰어 준비한다. 팬에 버터와 샬롯을 넣고 볶고, 버섯을 타지 않게 볶아준다. 와인을 붓고 1/3 정도 조리다가 치킨 육수를 붓고 1/3가량 다시 조린다. 여기에 크림을 넣고 천천히 조려 소금과 후추를 넣고 간을 한다. 완성된 폼을 고운 체에 거른 뒤 핸드믹서를 이용하여 거품을 내어 사용한다.

To Finish

접시에 치킨을 가지런히 놓고 당근 퓨레, 감자 갈라테, 스폰지 케이크, 시금치, 토마토를 조화롭게 담는다. 그리고 모럴버섯 소스, 버섯 폼을 뿌려준다. 로즈마리, 타임으로 마무리한다.

Ingredient 재료

Avocado Mousse

Avocado *4ea*
Yoghurt *100g*
Lime Juice *15㎖*
Salt *3g*

Mango Jelly

Mango Puree Boiron *175g*
Fresh Mango *75g*
Gelatine *6g*
Sugar *33g*

Coconut Lime Vinaigrette

Lime Juice *200㎖*
Lime Zest *5g*
Honey *100㎖*
Xantan Gum *1g*
Coconut Milk *250㎖*
Fish Sauce *50㎖*
Olive Oil *100㎖*
Salt *some*

Pickled Turnip

Turnip *some*, sliced
White Balsamic Vinegar *1cups*
Sugar *6T*
Salt *2t*

Poached Lobster

Lobster *1ea*
Onion *1/2ea*
Carrot *1/2ea*
Leek *1/2ea*
Parsley *1bunch*
Salt *2T*

Lobster Salad

Poached Lobster *1ea*, small dice
Apple *1/4ea*, small dice
Mayonnaise *15g*
Shallot *15g*, chopped
Lemon Juice *15㎖*
Tarragon *5g*, chopped
Salt *some*
Pepper *some*

To Finish

Poached Lobster *1ea*
Coconut Lime Vinaigrette *15㎖*
Radish *1pcs*, sliced
Avocado Mousse *1T*
Mango Jellyl *1T*
Compress Mango, cube cut *30g*
Pickled Turnip Slice *1pcs*
Olive Oil *15㎖*
Fresh Tarragon *some*

Lobster Salad with Avocado Pickled Turnip Compress Mango Shaved Radishes Coconut Lime Vinaigrette

아보카도, 피클 무, 망고를 곁들인 코코넛 라임 비네그레트의 바닷가재 샐러드

Avocado Mousse

아보카도는 껍질을 벗기고 속을 제거하여 얇게 자른다.
믹서에 아보카도, 요거트, 라임주스, 소금을 넣고 곱게 갈아 고운 체
에 다시 내려 사용한다.

Mango Jelly

망고는 껍질을 벗기고 얇게 자른 뒤 망고 퓨레와 설탕을 넣고 끓여준
다. 믹서에 곱게 갈아 젤라틴을 잘 섞어주고, 차갑게 식혀 사용한다.

Coconut Lime Vinaigrette

믹싱볼에 코코넛 밀크, 꿀, 라임, 레몬주스, 생선 소스, 소금, 잔탄검을
넣고 잘 섞어준다. 올리브 오일을 넣으면서 잘 유화되도록 혼합한다.

Pickled Turnip

무는 얇게 잘라 준비하고 발사믹 식초, 설탕, 소금을 넣어 절여준다.

Poached Lobster

중간 크기의 그릇에 야채를 넣고 끓여준 후 바닷가재를 70℃의 물에
7분간 삶는다. 그리고 몸통은 차가운 얼음물에 식히고 나머지 집게발
은 7분간 더 삶아 얼음물에 식힌다. 삶은 바닷가재를 손질하여 껍질을
벗겨낸 뒤 알맞은 크기로 자른다.

Lobster Salad

믹싱볼에 바닷가재, 사과, 마요네즈, 샬롯, 레몬주스, 타라곤을 넣고 잘
섞는다. 소금, 후추로 간을 한다.

To Finish

절인 무 피클에 바닷가재 샐러드를 넣고 한 번 말아준 뒤 접시에 펼친
다. 바닷가재를 가지런히 놓고 가니쉬로 망고와 래디시, 아보카도 무
스, 타라곤 잎을 가지런히 장식한다.

05

Marinated Seafood Salad with Herb Mash Potato cucumber Fennel Garden Greens and Lemon Vinaigrette

허브 으깬 감자와 오이, 회향, 야채를 곁들인 레몬 비네그레트의 마리네이드 해산물 샐러드

Ingredient 재료

Marinated Seafood

Seafood *2~3 each*
Olive Oil *30㎖*
Lemon Zest *5g*
Fresh Dill *2bunch*
Salt *some*
Pepper *some*

Cream Mash Potato

Potato *700g*
Cream *1cups*
Butter *1/4cups*
Salt *1t*

Parsley Powder

Fresh Parsley Leaf *1bunch*
Bread Crumbs *1/2cups*

Lemon Vinaigrette

Lemon Juice *100㎖*
Olive Oil *200㎖*
Honey *30㎖*
Dijon Mustard *15g*
Salt *some*
Pepper *some*

To Finish

Squid *3ea*
Prawn *2ea*
Scallop *2ea*
Baby Octopus *2ea*
Clam *3ea*
Quail Egg *1ea*
Carrot *some, shaved*
Turnip *some, shaved*
Cucumber *some, shaved*
Fennel *some, shaved*
Herb Mash Potato *50g*
Lemon Vinaigrette *15㎖*
Fresh Dill *some*
Micro Herb *some*

Marinated Seafood

새우, 가리비, 한치, 쭈꾸미, 조개살을 올리브 오일, 레몬, 딜, 소금, 후추에 마리네이드한 후 달군 팬에서 노릇하게 익힌다.

Cream Mash Potato

감자는 소금을 조금 넣고 푹 익힌다. 익힌 감자를 고운 체에 내려 냄비에 넣고 버터, 크림, 소금을 넣어 부드러워질 때까지 잘 섞어준다.

Parsley Powder

파슬리 잎을 손질한 후 믹서에 넣고 곱게 갈아준다. 빵가루를 조금 넣고 다시 곱게 갈아 고운 체에 내린다.

Lemon Vinaigrette

믹싱볼에 겨자, 꿀, 레몬주스를 넣고 잘 섞은 후 올리브 오일을 넣으면서 유화시킨다. 소금, 후추로 마무리한다.

To Finish

준비된 접시에 허브 매쉬 포테이토를 둥글게 올린 후 그 위에 파슬리 파우더를 뿌린다. 새우, 가리비, 한치, 쭈꾸미, 조개를 허브 매쉬 포테이토에 위에 가지런히 놓는다. 메추리알, 무, 펜넬, 오이, 당근, 딜, 허브로 장식하고 레몬 드레싱을 뿌려준다.

Pan Seared King Prawn with Cauliflower Puree Tomato Feta Cheese Basil Parsley Oil

콜리플라워 퓨레와 토마토, 바질, 페타 치즈 그리고 파슬리 오일의 왕새우 구이

Ingredient 재료

Pan Seared King Prawn

King Prawn *2ea*
Shallot *1ea, chopped*
Butter *20g*
Fresh Basil Leaf *1pcs*
Lemon Juice *16㎖*
Salt *some*
Pepper *some*

Prawn Ceviche

Poached Prawn *2ea, diced*
Apple *30g, peeled and diced*
Cucumber *15g, diced*
Avocado *15g, diced*
Mayonnaise *10g*
Yogurt *15g*
Tarragon *5g, chopped*
Lemon Juice *20㎖*
Salt *1t*
Cayenne Pepper *1pinch*

Cauliflower Puree

Cauliflower *500g, diced*
Butter *30g*
Onion *1/2ea*
Cream *150㎖*
Salt *1T*

Parsley Oil

Parsley *4cups*
Grape Seed Oil *1 & 1/2cups*

Dry Confit Tomato

Small Cherry Tomato *1/2ea, sliced*
Olive Oil *15㎖*
Fresh Basil *1pcs*
Fresh Thyme *1pcs*
Garlic *1ea, sliced*
Sugar *1T*
Salt *some*
Pepper *some*

To Finish

Pan Seared King Prawn *2ea*
Prawn Ceviche *15g*
Cauliflower Puree *50g*
Small Tomato *1ea*
Tomato Heart *1ea*
Dry Confit Tomato *3ea*
Feta Cheese *15g*
Basil Chips *2pcs*
Parsley Oil *15㎖*
Balsamic Vinegar *15㎖*
Yellow Chicory Leaf *some*
Lemon Segment *3ea*

Method 만드는 방법

Pan Seared King Prawn

새우는 내장을 제거하고 손질하여 준비한다. 팬에 버터를 넣고 샬롯, 새우,
바질, 레몬주스, 소금, 후추를 넣고 볶는다.

Prawn Ceviche

새우는 끓는 물에 삶아 식힌 뒤 1cm 크기로 자른다. 믹싱볼에 손질한 사과, 오
이, 마요네즈, 요거트, 타라곤, 레몬주스, 소금, 카이엔페퍼를 넣고 잘 섞는다.

Cauliflower Puree

냄비에 버터와 양파를 넣고 볶다가 콜리플라워를 넣고 볶는다. 크림을 넣고 부
드러워질 때까지 익힌 뒤 소금으로 간을 하고 믹서에 곱게 갈아준다.

Parsley Oil

파슬리는 잎만 손질하여 끓는 물에 약간의 소금을 넣고 5분간 삶은 뒤 얼음물에 식혀 물기를 제거한다. 믹서에 파슬리를 넣고 포도씨유를 넣으면서 곱게 갈아준다.

Dry Confit Tomato

토마토는 반으로 자른 뒤 올리브 오일, 바질, 타임, 마늘, 설탕, 소금, 후추를 골고루 뿌린다. 그리고 70℃의 오븐에서 5시간 이상 말려준다.

To Finish

접시에 새우를 가지런히 놓고 새우 세비체도 놓는다. 콜리플라워 퓨레를 접시에 바르고 토마토를 가지런히 놓는다. 치즈, 파슬리 오일, 발사믹 식초, 레몬, 허브로 장식하여 낸다.

07

Pistachio Crusted Scallop with Orange Puree, Olive Stone Caviar Fennel Espuma and Herb

오렌지 퓨레와 올리브 스톤, 캐비어 그리고 허브와 펜넬 폼의 피스타치오를 곁들인 가리비 구이

Ingredient 재료

Pistachio Crusted

Pistachio *1cups*
Sugar *2/3cups*
Butter *1/4cups*
Corn Syrup *1/4cups*
Salt *1T*
Baking Soda *1T*

Orange Puree

Orange *3ea*
Fennel Slice *1ea*
Sugar *1/3cups*
Xanthan Gum *1t*
Olive Oil *15㎖*
Salt *1t*

Olive Stone

Black Olive *50g.*
Olive Oil *50㎖*
Maltodedextrin *some*

Fennel Espuma

Fennel *350g*
Onion *1ea*
Chicken Stock *400㎖*
Gelatin *6g*
Cream *250㎖*
Pernod *25㎖*
White Wine *30㎖*
Potato *2ea*
Fennel Seed *1t*
Butter *50g*
Salt *some*
Pepper *some*

Bread Crispy Chips

Bread *some*
Clarified Butter *some*
Fresh Thyme *some*
Salt *some*

To Finish

Pistachio Crusted Scallop *3pcs*
Orange Puree *30g*
Olive Stone *5g*
Osetra Caviar *5g*
Fennel Espuma *30g*
Red Sorrel Leaf *some*
Bread Crispy Chips *some*

Method 만드는 방법

Pistachio Crusted

오븐을 130℃로 예열한다. 피스타치오는 잘게 으깨어 놓는다. 믹싱볼에 피스타치오, 설탕, 버터, 시럽, 소금, 소다를 넣고 잘 섞는다. 시트팬에 골고루 펼쳐 오븐에서 20~30분간 구워 식힌 후 작은 알갱이 모양으로 다시 으깨어 사용한다.

Orange Puree

오렌지는 껍질을 벗기고 속살만 준비한다. 회향은 손질하여 얇게 썰어 준비한다. 팬에 오일을 두르고 회향을 볶다가 오렌지, 설탕을 넣고 부드러워질 때까지 익힌다. 소금으로 간을 한 후 잔탄검을 넣고 믹서에 곱게 갈아준다.

Olive Stone

올리브는 곱게 다져 50℃로 하루 동안 말리고, 말린 올리브에 올리브 오일을 넣고 다시 냉동시킨다. 언 올리브를 파코제 머신에 넣고 2회 이상 곱게 갈아 말토덱스트린을 조금씩 넣으며 섞어준다. 알갱이로 만들어지면 팬에 넣고 약불에서 천천히 굽는다.

Fennel Espuma

팬에 버터, 양파, 감자, 펜넬을 넣고 볶다가 와인 두 가지를 순서대로 넣은 뒤 알코올을 증발시킨다. 치킨 육수를 넣고 국물이 반으로 줄 때까지 조리다가 크림을 넣고 다시 조리면서 부드러워질 때까지 익힌다. 다 익으면 믹서에 넣고 곱게 갈아 다시 고운 체에 내려준다. 젤라틴은 얼음물에서 풀어 물기를 제거하고, 따뜻하게 준비된 퓨레에 골고루 섞는다. 완성된 퓨레를 쉐이크폼에 넣고 사용한다.

Bread Crispy chips

얼린 빵을 얇게 잘라 시트팬에 가지런히 깔고 그 위에 정제버터, 타임, 소금을 바른 뒤 호일로 덮고, 약간의 무게가 있는 접시를 이용하여 눌러준다. 130℃의 오븐에서 15~20분간 굽는다.

To Finish

달군 팬에 가리비를 살짝 익혀 노릇하게 색깔을 낸 뒤 피스타치오 가루를 입힌다. 접시에 가리비를 가지런히 놓고 오렌지 퓨레를 바른다. 올리브스톤, 캐비어, 펜넬 폼, 브레드칩, 소렐 잎으로 가지런히 장식하여 낸다.

08

Seared Foie Gras and Foie Gras Parfait with Apricot Peanut Crunch and Port Wine Jus

푸아그라 파르페와 살구, 포트 와인 소스를 곁들인 푸아그라

Ingredient 재료

Foie Gras Parfait

Foie Gras *1kg*
Milk *100㎖*
Salt *100g*
Pökelsalt *12g*
Pate Spices *1/2T*
Sugar *75g*
Nutmeg *some*
Sherry Wine *150㎖*
Port Wine *150㎖*
Cognac *75㎖*
Madeira *40㎖*
Sauternes *75㎖*

Apricot Jam

Dry Apricot *1,000g*
Water *1,000㎖*
Sugar *500g*
White Wine *500㎖*
Star Anise *1ea*
Cinnamon *1pcs*
Salt *10g*
Sherry Vinegar *10㎖*

Apricot Tapenade

Apricot *50g*
Orange Juice *150㎖*
Chili Oil *1drop*
Salt *some*
Pepper *some*
Orange Segment *30g*
Lemon Oil *20㎖*
Almond Oil *40㎖*
Xanthan Gum *some*

Seared Foie Gras

Foie Gras *1ea*
Olive Oil *some*
Salt *some*
Pepper *some*

Peanut Bread & Powder

Peanut *1cups*
Sugar *2/3cups*
Butter *1/4cups*
Corn Syrup *1/4cups*
Salt *1T*
Baking Soda *1T*
Water *1/2cups*

Port Wine Jus

Seared Foie Gras Juice *30㎖*
Port Wine Jus *100㎖*
Chicken Jus *50㎖*
Salt *some*

To Finish

Foie Gras *80g*
Foie Gras Parfait *20g*
Apricot Jam *10g*
Apricot Tapenade *15g*
Apricot *10g*
Peach *1/3ea*
Port Wine Jus *10㎖*
Apple Mint *2g*
Peanut Powder *5g*
Peanut Bread *20g*
Flower *some*

Foie Gras Parfait

푸아그라는 심줄을 제거하고 손질하여 우유, 소금, 설탕, 스파이스, 넛메그에 24시간 재워 마리네이드한다. 그 후 깨끗이 씻어 다시 셰리 와인, 포트 와인, 코냑, 마데리아, 소테니 와인에 24시간 재워 마리네이드한다. 진공 팩에 마리네이드한 푸아그라를 넣고 수비드 머신으로 57℃에서 20분간 조리한다. 얼음물에 식힌 뒤 믹서에 넣고 1:1 분량의 버터와 함께 곱게 갈아준다. 소금간을 하고 고운 체에 내린 후 작은 원형 틀에 넣고 냉장하여 굳힌 뒤 빼내어 적당한 크기로 잘라 낸다.

Apricot Jam

건살구는 부드러워질 때까지 물에 불리고 물기를 제거하여 준비한다. 달군 팬에 설탕을 넣고 캐러멜화하면 와인을 넣고 조린다. 살구를 넣고 잘 섞은 후 물을 붓고 나머지 재료인 스타아니스, 시나몬, 소금, 셰리 와인을 넣고 부드러워질 때까지 조리한다. 잼 농도가 될 때까지 조려 완성한다.

Apricot Tapenade

건살구는 부드러워질 때까지 물에 불려 준비한다. 오렌지주스를 넣고 섞은 후 믹서에 곱게 갈아준다. 칠리 오일, 소금, 후추, 레몬 오일, 오렌지 세그먼트, 아몬드 오일을 잘 섞는다. 잔탄검으로 농도를 맞추어 사용한다.

Seared Foie Gras

푸아그라는 소금, 후추로 간을 한다. 팬에 오일을 두르고 푸아그라를 앞뒤로 노릇하게 조리하여 낸다. 냄비에 물, 설탕, 버터, 시럽, 소금, 소다를 넣고 잘 혼합하여 끓여준다. 피넛을 곱게 갈아 팬에서 구워 잘 섞고 시트팬에 골고루 펼친 후 150℃의 오븐에서 20~30분간 굽는다. 다 구워지면 식힌 후 작은 알갱이 모양으로 다시 으깨어 사용하고, 나머지는 원형 틀로 찍어 사용한다.

Port Wine Jus

소스팬에 포트 와인을 졸이다가 푸아그라주스를 넣고 다시 살짝 졸여준다. 치킨주스를 넣고 잘 섞어 소금간을 한 후 낸다.

To Finish

접시에 피넛브레드를 놓고 그 위에 푸아그라를 놓는다. 그리고 푸아그라 파르페를 가지런히 담는다. 사이사이에 살구와 복숭아를 놓고 살구잼과 살구 타파네드, 피넛 가루를 곁들인다. 소스를 뿌리고 민트 잎과 꽃으로 장식한다.

09

Seared Scallop with Avocado Compress
Watermelon Orange Jelly
Radish Herb and Thyme Foam

아보카도와 수박, 오렌지 젤리, 허브와 타임 향의 폼을 곁들인 가리비 구이

Ingredient 재료

Avocado

Avocado 6ea, ripe but firm
Olive Oil 50㎖
Salt 1t

Avocado Puree

Avocado 4ea
Yoghurt 100g
Lemon Powder 3g
Lime Juice 15㎖
Salt 3g

Orange Gel

Sugar 1cups
Agar-agar 7g
Vanilla bean 1/2pcs
Cream 1/4cups
Orange Juice 1/4cups
Salt 1t

Thyme Foam

Shallot 2ea, sliced
Olive Oil 15㎖
White Wine 1cups
Chicken Stock 2cups
Cream 1cups
Thyme 1bunch
Butter 50g
Salt 1t

To Finish

Seared Scallop 3ea
Avocado 30g
Avocado gel 20g
Compress Watermelon 60g
Shaved Carrot some
Orange Gel some
Shaved Cucumber some
Thyme Foam some
Radish some
Salmon Roe some
Micro Herb some

Avocado

아보카도는 껍질을 벗기고 필러나이프를 이용하여 얇게 잘라낸
다. 잘라낸 조각을 원형 틀에 겹겹이 붙혀 완성한다. 아보카도
위에 붓을 이용해 올리브 오일을 바른 뒤 소금간을 한다.

Avocado Puree

아보카도는 껍질을 벗기고 속을 제거한 뒤 얇게 자른다. 믹서에
아보카도, 요거트, 레몬파우더, 소금을 넣고 곱게 갈아, 고운 체에
내려 사용한다.

Orange Gel

소스팬에 오렌지주스, 바닐라빈, 크림, 소금, 한천을 넣고 약불에
서 천천히 저어준다. 농도가 적당해지면 얼음물에 식힌 뒤 고운
체에 내려 사용한다.

Thyme Foam

소스팬에 버터와 샬롯을 넣고 약불에서 천천히 볶는다. 와인을
넣고 끓이다가 치킨 육수, 타임을 넣고 반으로 졸인다. 여기에 크
림을 넣고 다시 1/3로 천천히 졸여준다. 고운 체에 거른 뒤 레몬
주스, 소금으로 간을 한다. 요리를 낼 때는 핸드믹서로 거품을 내
어 사용한다.

To Finish

접시에 가리비를 가지런히 놓고 사이사이에 아보카도 소스, 수박,
오렌지 소스, 당근, 오이, 래디시, 연어알, 허브를 조화롭게 가지런
히 놓는다. 그리고 원형의 아보카도를 중심에 놓고 타임향의 폼으
로 마무리한다.

10

Slow Cooked Beef Tenderloin with Nut Crunch Roasted Onion Sweet Potato and Beef Jus

고구마, 구운 양파, 너트 크런치를 곁들인 비프 소스의 저온에서 익힌 쇠안심 스테이크

Ingredient 재료

Slow Cooked Beef Tenderloin

- Beef Tenderloin *1ea*
- Olive Oil *15㎖*
- Butter *20g*
- Spring Thyme *1bunch*
- Salt *some*
- Pepper *some*

Nut Crunch

- Macadamia Nut *30g*
- Hazelnut *30g*
- Bread Crumb *30g*
- Pumpkin Seed Oil *30㎖*
- Salt *1/2t*
- White Pepper Ground *1/3t*

Roasted Shallot

- Shallot *3ea*
- Olive Oil *15㎖*
- Salt *1t*

Sweet Potato Puree

- Sweet Potato *1kg*
- Cream *500㎖*
- Milk *1,000㎖*
- Salt *2t*
- Butter *50g*

Roasted Pumpkin

- Pumpkin *100g*
- Olive Oil *15㎖*
- Salt *1t*

Pumpkin Chutney

- Olive Oil *30㎖*
- Onion *100g*, chopped
- Garlic *10g*, minced
- Pumpkin Brunoise *800g*
- Apple Brunoise *200g*
- White Wine Vinegar *50g*
- Honey *100g*
- Mustard Seed *20g*
- Cinnamon *15g*
- Salt *3t*
- Pepper *1t*

Rosemary Beef Jus

- Beef Bones, cut into pieces *10kg*
- Beef Meat, cut into pieces *5kg*
- Onion *4ea*, Sliced
- Carrot *2ea*, diced
- Leek *2ea*, diced
- Celery Root *2ea*, diced
- Tomato Paste *1/2cups*
- Red Wine *4cups*
- Spring Thyme *10bunch*
- Black Peppercorn *20pcs*
- Bay Leaf *2pcs*
- Salad Oil *1/4cups*
- Chicken Stock *20ℓ*
- Rosemary *5g*

Orange Foam

- Fresh Orange Juice *200㎖*
- Lecithin *10g*
- Salt *1t*

Pumpkin Seed Oil Stone

- Pumpkin Seed Oil *20㎖*
- Maltodedextrin *1/3cups*
- Salt *1t*

To Finish

- Slow Cooked Beef Tenderloin *2pcs*
- Nut Crunch *20g*
- Onion *2ea*, roasted
- Pumpkin Puree *60g*
- Pumpkin *3pcs*, roasted
- Pumpkin Chutney *15g*
- Orange Foam *30㎖*
- Pumpkin Seed Oil Stone *5g*
- Rosemary *some*
- Rosemary Beef Jus *some*

Slow Cooked Beef Tenderloin

소고기 안심은 지방을 제거하고 손질하여 올리브 오일, 타임, 소금, 후추로 간을 한 뒤 끈으로 가지런히 묶어놓는다. 팬에 버터와 타임을 넣고 겉표면만 색을 낸다. 예열된 오븐에 80℃, 내부온도 57℃로 구워준다. 요리를 낼 때 다시 한 번 팬에서 버터와 타임향이 나도록 롤링한 뒤 적당한 크기로 잘라 낸다.

Nut Crunch

마카다미아와 헤이즐넛을 130℃로 예열된 오븐에 20분 정도 노릇노릇하게 구워 거칠게 부순다. 으깬 뒤에는 한 번 더 팬에서 잘 볶아 준비하고, 빵가루도 팬에서 노릇하게 볶는다. 볶은 너트와 호박씨 오일, 빵가루를 넣고 잘 섞어 소금간을 한다.

Roasted Shallot

오븐은 160℃로 예열한다. 샬롯에 오일, 소금을 뿌리고 부드러워질 때까지 30분에서 40분 정도 익힌다. 실온에 보관하여 낸다.

Sweet Potato Puree

고구마는 껍질과 씨를 제거한 뒤 깍둑썰기한다. 준비된 크림과 우유에 소금간을 한 뒤 고구마를 넣고 삶는다. 다 익으면 소금간을 하고 믹서에 곱게 갈아준다.

Roasted Pumpkin

오븐을 160℃로 예열한다. 단호박은 껍질과 씨를 제거한 뒤 페르시안 나이프로 동그랗게 판다. 호박에 오일, 소금으로 밑간을 한 뒤 노릇노릇하게 굽는다.

Pumpkin Chutney

먼저 머스터드 씨앗을 잘 볶아 물에 담가 불린다. 곱게 다진 양파와 마늘을 오일에 잘 볶는다. 양파가 투명하게 익으면 3×3×3㎜로 자른 호박과 사과를 넣고, 5분간 볶은 후 나머지 재료를 넣고, 호박이 뭉그러지지 않도록 부드러워질 때까지 익힌다. 마지막에 간을 하여 마무리한다.

Orange Foam

오렌지주스를 잘 걸러 준비한다. 레시틴을 넣고, 소금으로 간을 한다. 요리를 낼 때 핸드믹서를 이용하여 거품을 내어 사용한다.

Pumpkin Seed Oil Stone

호박씨 오일에 소금, 말토를 조금씩 넣어가며 섞는다. 농도는 뭉쳐질 정도면 된다. 잘 코팅된 팬에 혼합물을 넣고, 약한 불로 돌려가면서 응고가 되도록 말린다.

Rosemary Beef Jus

오븐을 180℃로 예열하여 준비한다. 쇠뼈와 고기를 2개의 시트에 깔아 오븐에서 45분에서 1시간 정도 갈색으로 굽는다. 오일을 넣고 양파, 당근, 셀러리, 대파, 셀러리악을 넣고 볶다가 토마토 페이스트를 넣고 5분간 볶아준다. 준비한 적포도주를 넣고 시럽 농도가 될 때까지 조린다. 타임, 월계수잎, 후추, 구운 쇠뼈와 고기, 닭육수를 넣어 5~6시간 약불에서 은근히 끓인다. 준비된 육수를 고운 체에 내려준 후 졸이고, 졸인 소스에 소금간을 한다. 소스에 다진 로즈마리를 넣어서 낸다.

To Finish

준비된 접시에 너트 가루를 뿌리고 호박 처트니와 구운 양파, 구운 호박, 로즈마리, 호박 오일 스톤을 조화롭게 놓는다. 호박 퓨레를 접시에 바르고 그 위에 고기를 가지런히 놓는다. 비프 소스와 오렌지 폼을 뿌려서 낸다.

Main Dish

PART 3

Ingredient 재료

Beef Strip Loin Cuit Sous Vide

Beef Strip Loin 160g
Salt 2t
Black Pepper 1t
Canola Oil 30㎖
Cloves Garlic 2ea, crushed
Thyme 2bunch
Shallots 1ea, slice

White Bean Mousseline

Dried Cannellini Beans 400g
Garlic 1ea
Carrot 1ea, peeled and diced
Onion 1ea, peeled and diced
Spring Thyme 3bunch
Bay Leaf 1pcs
Salt 1t
Olive Oil 30㎖

Fondant Potato

Potato 1ea
Butter 60g
Vegetable Stock 1cup
Thyme 2bunch
Salt 1t
Pepper 1t

Roasted Shallot

Shallot 3ea
Olive Oil 60㎖
Salt 1t

Shallot Chips

Shallot 1ea
Olive Oil 30㎖
Salt 1pinch

Parsley Oil

Parsley 200g
Grape Seed Oil 70㎖

Beef Jus

Beef Bons 10kg, cut into pcs
Beef Meat 5kg, cut into pcs
Onion 2ea, sliced
Carrot 2ea, diced
Celery 2ea, diced
Leek 2ea, diced
Celery root 2ea, diced
Tomato Paste 1/2cups
Red Wine 4cups
Spring Thyme 10bunch
Black Peppercorn 20pcs
Bay Leaf 2pcs
Salad Oil 1/4cups
Chicken Stock 20ℓ

To Finish

Beef Striploin Cuit Sous vide 160g
White Bean Mousseline 50g
Fondant Potato 2ea
Fondant Carrot 1ea
Shallot 2pcs, roasted
Shallot Chips 3pcs
Parsley Oil 30㎖
Beef Jus 60㎖
Fresh Chervil 1bunch
Fresh Micro Herb some
Salt some

01

Beef Strip Loin Cuit Sous vide with White Bean Mousseline Fondant Potato Roasted Shallot Beef Jus

흰콩 무슬린과 감자, 구운 샬롯을 곁들인 비프 소스의 저온에서 익힌 소고기 갈비살

Beef Strip Loin Cuit Sous Vide

고기를 손질하여 준비된 샬롯, 마늘, 타임, 소금, 후추, 오일로 골고루 마리네이드한다.
진공 팩 용기에 넣어 수비드 머신에 55℃, 90분간 조리한 후 달군 팬에 버터를 넣고
겉표면이 갈색이 되도록 조리한다. 요리를 낼 때는 160g 크기로 잘라서 낸다.

White Bean Mousseline

준비한 콩을 하룻밤 정도 물에 담가 불린다. 큰 팬에 물과 소창, 야채와 허브를 넣고
묶어준다. 불린 콩을 넣어 부드럽게 익을 때까지 끓이고, 콩을 믹서에 곱게 갈아 약간
의 오일, 소금, 후추로 간을 한다. 감자는 손질하여 모양으로 자른 뒤 중간 팬에 버터
를 바르고 그 위에 감자를 가지런히 놓는다. 야채 국물을 붓고 타임, 소금, 후추를 넣
어 약불에서 천천히 조리한다.

Roasted Shallot

오븐은 160℃로 예열한다. 샬롯에 오일, 소금을 뿌리고 부드러워질 때까지 30~40분가
량 익힌다. 실온에 보관하여 낸다.

Shallot Chips

오븐을 130℃로 예열한다. 2mm 두께로 자른 샬롯을 실리콘 시트에 가지런히 깔고 다시
실리콘 시트를 씌운다. 갈색이 될 때까지 17~20분 정도 오븐에서 굽는다.

Parsley Oil

파슬리와 포도씨유를 넣고 빠르고 곱게 갈아준다. 곱게 갈은 파슬리 오일을 얼음물에 식힌 뒤, 커피 필터에 내린다.

Beef Jus

오븐을 180℃로 예열하여 준비한다. 쇠뼈와 고기를 두 개의 시트에 깔아 45분~1시간 정도 갈색으로 굽는다. 오일을 넣고 양파, 당근, 셀러리, 대파, 셀러리악을 넣고 캐러멜화가 될 때까지 10분간 볶는다. 토마토 페이스트를 넣고 5분 동안 볶은 뒤 준비한 레드 와인을 넣고 시럽 농도로 졸인다. 타임, 월계수잎, 후추, 구운 쇠뼈와 고기, 닭육수를 넣는다. 5~6시간 정도 약불에서 끓인 뒤 준비된 육수를 고운 체에 내려 졸인다. 졸인 소스에 소금간을 한다.

To Finish

접시에 콩 퓨레를 바르고 익힌 감자와 당근을 가지런히 놓는다. 자른 고기를 놓고 준비된 샬롯 칩, 구운 샬롯을 놓은 뒤 허브잎으로 장식한다. 비프 소스를 뿌린 후 파슬리 오일을 자연스럽게 여러 군데 뿌린다. 마지막으로 고기 위에 소금을 뿌려준다.

Braised Pork Belly with Broccoli Puree Roasted Shallots Carrots Mustard Seed Brasing Jus

브로콜리 퓨레와 구운 샬롯 그리고 당근, 씨겨자소스를 곁들인 브레이징 돼지삼겹살

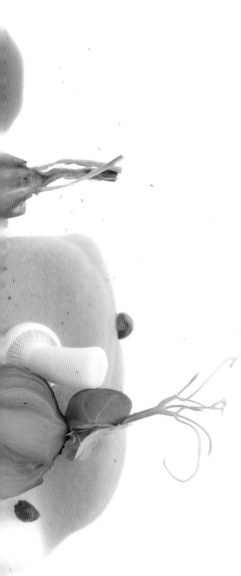

Ingredient 재료

Braised Pork Belly

Large Pork Belly *180g*
Orange Juice *45㎖*
Lemon Zest *5g*
Star Anise *1pcs*
Cinnamon Stick *1ea*
Spring Thyme *1bunch*
Salt *some*
Pepper *some*

Broccoli Puree

Broccoli *4cups, sliced*
Olive Oil *30㎖*
Extra-virgin Olive Oil *30㎖*
Ice Cube *1ea*
Salt *1t*

Roasted Shallot

Shallot *3ea*
Olive Oil *30㎖*
Thyme *1bunch*
Salt *1t*
Sugar *1t*

Poached Beech Mushroom

Beech Mushroom *10ea*
Shallot *2ea, diced*
Butter *30g*
White Wine *1cups*
Spring Thyme *3bunch*
Salt *1T*

Mustard Seed Brasing Jus

Onion *1ea, diced*
Carrot *1ea, diced*
Celery *1ea, diced*
Shallot *1ea, minced*
Spring Thyme *3bunch*
Tomato Paste *30g*
Bay Leaf *2pcs*
Red Wine *2cups*
Braised Pork Belly Jus *some*
Mustard Seed *15pcs*
Olive Oil *50㎖*
Salt *some*

Glazed Carrot

Carrot *5ea*
Chicken Stock *30㎖*
Butter *30g*
Spring Thyme *1bunch*
Salt *some*

To Finish

Braised Pork Belly *150g*
Broccoli Puree *50g*
Roasted Shallot *2ea*
Glazed Carrot *1/2pcs*
Broccoli *2ea*
Mushroom *3ea*
Sugar Pea Leaf *1ea*
Pink Peppercorn *some*
Mustard Seed Brasing Jus *some*

Method 만드는 방법

Braised Pork Belly

돼지 삼겹살은 손질하여 180g 정도의 크기로 자르고 소금과 후추로 밑간을 한다. 진공 팩을 준비하여 고기를 넣고 오렌지주스, 레몬 제스트, 스타아니스, 시나몬, 타임을 넣어준다. 수비드 머신에서 70℃로 12시간 조리하여 얼음물에 식힌다. 육즙 주스는 소스로 사용하고, 달군 팬에 앞뒤로 노릇하게 색을 내어 요리한다.

Broccoli Puree

끓는 소금물에 브로콜리를 삶아 색이 변하지 않도록 바로 얼음물에 식힌다. 삶은 브로콜리에 올리브오일과 얼음을 넣어 농도를 맞춰 믹서에 곱게 갈아준다.

Roasted Shallot

오븐은 160℃로 예열한다. 샬롯에 오일, 타임, 설탕, 소금을 뿌려 부드러워질 때까지 30~40분 정도 익힌다. 실온에 보관하여 낸다.

Poached Beech Mushroom

팬에 샬롯과 버터를 넣고 볶는다. 와인을 넣고 살짝 끓여 와인 향을 날려준 뒤 타임과 소금을 넣고 간을 한다. 버섯을 넣고 바로 실온에서 보관하여 낸다.

Mustard Seed Brasing Jus

오일을 넣고 양파, 당근, 대파, 셀러리를 넣고 10분 동안 캐러멜화가 되도록 볶는다. 토마토 페이스트를 넣고 5분 동안 볶은 뒤 준비한 레드 와인을 넣고 시럽 농도가 될 때까지 졸여 Braised Pork Belly Jus를 넣어준다. 월계수 잎, 타임을 넣고 푹 졸인 다음 고운 체에 내린다. 겨자씨는 팬에서 살짝 구워 완성된 소스에 섞어서 사용한다.

Glazed Carrot

당근은 깨끗이 손질하여 끓는 물에 소금, 타임, 버터를 넣고 삶는다. 얼음물에 식힌 뒤 팬에 버터, 치킨 육수를 넣고 표면에 윤기가 나도록 코팅하여 조려낸다.

To Finish

준비된 접시에 브로콜리 퓨레를 바르고 그 위에 고기를 얹는다. 샬롯, 브로콜리, 당근, 버섯, 껍질완두 잎, 핑크 후추를 가지런히 접시에 담아 소스를 곁들인다.

03

Chicken Breast Sun dry Tomato with Forest Mushroom Ginger Carrot Puree Mustard Chicken Sauce

버섯볶음과 생강 향의 당근 퓨레, 씨겨자 치킨소스를 곁들인 닭가슴살 구이

Ingredient 재료

Chicken Breast Sun dry Tomato

Chicken Breast *1ea*
Sun dry Tomato *30g*
Olive Oil *10㎖*
Truffle Oil *3㎖*
Spring Thyme *1bunch*
Salt *some*
Pepper *some*

Ginger Carrots Puree

Carrot *500g*, peeled and dice
Ginger *30g*, peeled and chopped
Fresh Cream *250㎖*
Chicken Stock *250㎖*
Butter *50g*
Bay Leaf *1pcs*
Salt *some*
Pepper *some*

Mustard Chicken Sauce

Basic Chicken Jus *100㎖*
Mustard Seed *20g*
Fresh Thyme *2g*

Forest Mushroom

Shiitake Mushroom *50g*
Button Mushroom *50g*
Beech Mushroom *30g*
Eryngii Mushroom *30g*
Fresh Cream *50㎖*
Shallot *30g*, chopped
Garlic *15g*, chopped
Fresh Thyme *3bunch*
Olive Oil *50㎖*
Salt *some*
Pepper *some*

Chicken Jus

Chicken Bone *15kg*
Chicken Wings *10kg*
Carrot *1kg*
Onion *2kg*
Celery *1kg*
Celeriac Root *1kg*
Leek *1kg*
Garlic *500g*
Chicken Stock *160 ℓ*
Thyme *10g*
Rosemary *10g*
Whole Pepper *100g*
Bay Leaf *10g*

Green Pea Puree

Green Pea *1kg*
Garlic *25g*, chopped
Shallot *50g*, chopped
Butter *50g*
Fresh Cream *100㎖*
Salt *some*
Pepper *some*

Chicken Truffle Chips

Chicken Breast Skin *2pcs*
Black Truffle *5g*
Clarified Butter *130㎖*
Salt *some*

To Finish

Chicken Breast *1pcs*
Forest Mushroom *50g*
Ginger Carrot Puree *50g*
Green Pea Puree *15g*
Chicken Skin Chips *1pcs*
Dry Tomato Powder *1/2t*
Thyme Chips *1pcs*
Mustard Chicken Sauce *some*

Chicken Breast Sun dry Tomato

닭가슴살에 칼집을 넣은 후 반을 펼쳐 소금과 후추로 간을 한다. 준비한 말린 토마토를 일정하게 고루 놓고 다시 접어 진공 팩에 넣는다. 올리브 오일, 트러플 오일, 타임을 넣고 진공하여 수비드 머신에 64℃로 50분 조리한다. 요리를 낼 때는 치킨을 반으로 잘라서 낸다.

Ginger Carrot Puree

당근은 껍질을 벗겨 썰어놓고 생강은 껍질을 벗긴 후 곱게 다진다. 달군 팬에 버터를 넣고 당근, 생강을 넣어 천천히 볶다가 닭육수와 월계수 잎을 넣고 익힌다. 반 정도로 졸면 크림을 넣고 다시 졸여준다. 소금과 후추를 넣고 믹서에 곱게 갈아서 고운 체에 내려 사용한다.

Forest Mushroom

달군 팬에 오일을 두르고 샬롯, 마늘을 넣고 볶은 뒤 백포도주를 넣는다. 손질한 버섯을 넣고 갈색이 나도록 볶아준다. 타임, 소금, 후추로 간을 하고 마지막에 크림을 조금 넣어 내간다.

Chicken Jus

오븐을 180℃로 예열한다. 팬에 닭뼈와 닭날개를 놓고 오븐에서 갈색이 나도록 굽는다. 달군 팬에 오일을 두르고 양파, 당근, 셀러리, 셀러리악을 노릇하게 천천히 볶고 대파, 마늘도 넣고 볶아준다. 구워진 치킨을 여기에 넣고 다시 고루 볶는다. 닭육수를 붓고 타임, 로즈마리, 통후추, 월계수잎을 넣고 5~6시간 약불에서 끓인다. 체에 거른 뒤 다른 팬에 옮겨 다시 졸여 사용한다.

Mustard Chicken Sauce

기본 치킨 소스에 팬에서 구운 씨겨자를 넣고 졸인다. 여기에 허브와 타임을 넣고 소금, 후추를 넣는다.

Green Pea Puree

끓는 물에 소금을 넣고 그린콩을 삶은 뒤 얼음물에 식힌다. 팬에 버터, 다진 마늘, 샬롯을 넣고 볶아 크림을 넣는다. 크림이 졸여지면 그린콩을 넣고 살짝 볶은 후 믹서에 곱게 갈아 소금과 후추로 간을 한다.

Chicken Truffle Chips

닭가슴살에서 껍질을 벗겨내어 껍질을 손질한다. 붙어 있는 기름막은 칼을 이용하여 제거한다. 송로버섯은 얇게 자른 뒤 작은 링으로 찍는다. 닭가슴살 한쪽 면을 펼쳐 송로버섯을 가지런히 놓은 뒤 다시 덮고, 버터를 골고루 발라 소금간을 한다. 시트에 깔고 무게가 있는 도구를 이용하여 눌러준다. 180℃로 22분간 굽는다. 완성된 칩을 알맞은 크기로 잘라 사용한다.

To Finish

준비된 접시에 생강향 당근 퓨레를 바르고 볶은 버섯을 가지런히 놓는다. 닭가슴살은 반으로 자른 뒤 접시에 놓고 그 위에 치킨 칩을 꽂아 세운다. 그린콩 퓨레, 타임 칩을 버섯 주위에 가지런히 놓고 머스터드 치킨 소스로 마무리한다.

04

Crisp Confit Duck Leg with Serrano Ham and Roasted Yellow Peach Peach Mousse and Brasing Jus

구운 복숭아와 복숭아 무스, 브레이징 주스를 곁들인 크리스피 오리 다리살 구이

Ingredient 재료

Confit Duck Leg

Duck Leg *1ea*
Serrano Ham *2pcs*, sliced
Lemon Zest *5g*
Orange Zest *5g*
Spring Rosemary *1bunch*
Spring Thyme *1bunch*
Bay Leaf *1pcs*
Sea Salt *some*
Pepper *some*

Apricot Sauce

Apricot *50g*
Orange Juice *150㎖*
Chili Oil *1drop*
Salt *some*
Pepper *some*
Orange Segment *30g*
Lemon Oil *20㎖*
Almond Oil *40㎖*
Xanthan Gum *some*

Brasing Jus

Onion *1ea*, diced
Carrot *1ea*, diced
Celery *1ea*, diced
Shallot *1ea*, minced
Spring Thyme *3bunch*
Tomato Paste *30g*
Bay Leaf *2pcs*
Red Wine *2cups*
Braised Duck Jus *some*

Black Olive Crumbs

Black Olive *50g*, chopped

Roasted Peach

Fresh Peach *1ea*
Olive Oil *15㎖*
Spring Thyme *1bunch*
Spring Rosemary *1bunch*
Salt *some*
Pepper *some*

Peach Mousse

Peach *3ea*
Peach Juice *100㎖*
Olive Oil *30㎖*
Butter *20g*
Spring Thyme *1bunch*
Spring Rosemary *1bunch*
Sugar *1T*
Xanthan Gum *1t*
Salt *some*
Pepper *some*

To Finish

Confit Duck *1ea*
Serrano Ham *3pcs*
Artichoke *2pcs*
Black Olive Crumbs *1T*
Apricot Sauce *15g*
Roasted Peach *3pcs*
Peach Mousse *50g*
Brasing Jus *some*
Fresh Fennel Leaf *some*

Confit Duck Leg

오리 다리살을 손질하여 준비한다. 소금과 후추, 레몬, 오렌지, 로즈마리, 타임, 월계수 잎을 골고루 뿌린 뒤 4시간 동안 마리네이드하고, 흐르는 물에 깨끗이 씻은 후 물기를 제거한다. 가지런히 놓은 오리 다리살 위에 세라노 햄을 놓은 뒤 다시 오리 다리살을 덮고 살짝 힘을 가하여 모양을 잡아준다. 진공 팩에 오리 다리살과 올리브 오일, 타임, 로즈마리를 넣고 봉하여 수비드 머신에 64℃로 5시간 조리한다. 조리 후에는 얼음물에 식힌다. 육즙 주스는 소스로 사용하고 달군 팬에서 앞뒤로 노릇하게 색을 내어 식탁에 낸다.

Black Olive Crumbs

블랙 올리브를 거칠게 다져 60℃로 예열된 건조기에서 12시간 정도 건조시킨다. 실온에 보관하여 사용한다.

Apricot Sauce

건살구는 부드러워질 때까지 물에 불려 준비한다. 불린 건살구에 오렌지주스를 넣고 믹서에 곱게 간 뒤 칠리 오일, 소금, 후추, 레몬 오일, 오렌지 세그먼트, 아몬드 오일을 잘 섞는다. 농도는 잔탄검으로 맞추어 사용한다.

Roasted Peach

오븐을 180℃로 예열한다. 복숭아는 6등분하여 올리브 오일, 소금, 후추, 로즈마리, 타임을 골고루 뿌리고 오븐에서 10분간 굽는다.

Peach Mousse

오븐을 180℃로 예열한다. 복숭아는 6등분하여 올리브 오일, 소금, 후추, 로즈마리, 타임을 골고루 뿌리고 오븐에서 10분간 굽는다. 구운 복숭아를 소스팬에 넣고 복숭아주스, 버터, 설탕, 소금을 넣고 조린다. 잔탄검으로 농도를 맞추고 믹서에 곱게 갈아 사용한다.

Brasing Jus

팬에 오일을 두르고 양파, 당근, 셀러리, 대파, 셀러리악을 넣어 10분 동안 캐러멜화되도록 볶는다. 토마토 페이스트를 넣고 5분 동안 볶아준다. 준비한 레드 와인을 넣고 시럽 농도가 될 때까지 졸여 Braised duck Jus를 넣어준다. 월계수잎, 타임을 넣고 푹 졸여 고운 체에 내려준다.

To Finish

준비된 접시에 오리 다리살을 놓고 아티초크와 구운 복숭아, 펜넬, 세라노 햄을 가지런히 놓는다. 살구 소스와 복숭아 무스, 브레이징 소스를 뿌리고 펜넬 잎과 올리브 가루로 장식하여 낸다.

Duck Breast Foie Gras

Duck Breast *1ea*
Foie Gras *50g*
Spinach *1bunch*
Butter *some*
Salt *some*
Pepper *some*

Spinach Eggplant Bowl

Spinach *1bunch*
Eggplant *1ea*
Goat Cheese *some*
Olive Oil *some*
Salt *some*
Pepper *some*

Souffle Potato

Flour *480g*
Milk *285㎖*
Yeast *15g*
Sugar *10g*
Salt *5g*

Fondant Potato

Potato *1ea*
Butter *30g*
Vegetable Stock *1cups*
Thyme *2bunch*
Salt *1t*
Pepper *1t*

Red Wine Apple Puree

Apple *3ea*, peeled and cored
Red Wine *2cups*
Sugar *3T*
Salt *1t*
Butter *20g*

Duck Jus

Duck Bone *15kg*
Carrot *1kg*
Onion *2kg*
Celery *1kg*
Celeriac Root *1kg*
Leek *1kg*
Garlic *500g*
Chicken Stock *160 ℓ*
Thyme *10g*
Rosemary *10g*
Whole Pepper *100g*
Bay Leaf *10g*

To Finish

Duck Breast Foie Gras *1/2ea*
Fonant Potato *3pcs*
Red Wine Apple Puree *15g*
Spinach Eggplant Bowl *2pcs*
Souffle Chips *1pcs*
Garden Huckle Berry *some*
Dill Flower *some*
Duck Jus *30㎖*

05

Foie Gras Stuffed Duck Breast
with Fondant Potato Red Wine Apple Puree
Spinach Eggplant Bowl and Duck Jus

버터에 익힌 감자와 레드 와인 사과 퓨레, 시금치로 감싼 가지구이를 곁들인
오리 소스의 오리 간을 채운 오리 가슴살 구이

Method 만드는 방법

Duck Breast Foie Gras

오리 가슴살은 손질하여 반을 갈라 펼치고 소금과 후추로 간을 한다. 시금치는 끓는 물에 데친 뒤 얼음물에 식혀 키친 타올로 물기를 없애준다. 푸아그라는 50g 정도의 크기로 잘라 심줄을 제거하고 소금, 후추로 간을 한다. 준비된 시금치를 펼쳐 푸아그라를 감싸듯 말아서 펼친 오리 가슴살에 넣고 덮어준다. 진공 팩에 넣고 수비드 머신에서 57℃로 60분간 조리한다. 달군 팬에 버터, 로즈마리, 마늘을 넣고 겉표면이 갈색이 되도록 조리한 다음 반으로 잘라 접시에 낸다.

Fondant Potato

감자는 손질하여 모양으로 자른 뒤 중간 팬에 버터를 바르고 감자를 가지런히 놓는다. 야채 국물을 부은 뒤 타임, 소금, 후추를 넣고 약불에서 천천히 익힌다.

Red Wine Apple Puree

사과는 껍질을 벗기고 작은 크기로 자른다. 팬에 버터와 사과를 넣고 볶은 후 와인, 설탕, 소금을 넣고 조린다. 사과가 부드럽게 조려지면 믹서에 넣고 곱게 갈아준다. 다시 한 번 고운 체에 내려 사용한다.

Spinach Eggplant Bowl

시금치는 손질하여 끓는 물에 데쳐낸 뒤 색깔이 변하지 않게 얼음물에 식힌다. 가지는 2.5cm 크기로 자른 뒤 소금, 후추로 간을 하여 오일을 두르고 노릇하게 익힌다. 익힌 가지를 위에 치즈를 놓고 시금치로 말아준다.

Souffle Potato

밀가루, 우유, 이스트, 설탕, 소금을 잘 섞어 반죽하고, 파스타 머신에 반죽을 넣고 얇게 밀어준다. 2mm 두께로 민 뒤 반으로 접어 다시 2mm 두께로 밀어준다. 모형 틀을 이용하여 찍어준 후 180℃의 기름에 튀긴다. 갈색으로 색이 나오고 공 모양으로 위쪽으로 올라오면 꺼내어 사용한다.

Duck Jus

오븐을 180℃로 예열한다. 오리 뼈를 넣어 오븐에서 노릇하게 굽는다. 달군 팬에 오일을 두르고 양파, 당근, 셀러리, 셀러리악을 천천히 볶다가 대파, 마늘을 넣고 더 볶아준다. 구운 치킨을 여기에 넣고 다시 고루 볶는다. 닭육수를 붓고 타임, 로즈마리, 통후추, 월계수 잎을 넣어 5~6시간 약불에서 끓인다. 체에 거른 뒤 다른 팬에 옮겨 다시 졸여 사용한다.

To Finish

오리 가슴살은 반으로 자른 뒤 접시에 놓고 사과 퓨레, 감자, 시금치 볼을 조화롭게 놓는다. 수플레 칩과 베리, 딜 꽃, 오리 소스를 가니쉬로 장식하여 마무리한다.

06

Grilled Beef Sirloin with Lentil Carrot Puree Glazed Shallot Bacon and Red Wine Sauce

렌틸콩과 당근 퓨레, 샬롯 그리고 레드 와인 소스를 곁들인 소고기 등심 구이

Ingredient 재료

Grilled Beef Sirloin

Beef Sirloin *1ea*
Olive Oil *15㎖*
Spring Thyme *1bunch*
Salt *some*
Pepper *some*

Lentil

Lentil *500g*
Carrot *2ea*, peeled
Onion *1ea*, peeled
Celery *3ea*, peeled and brunoised
Shallot *4ea*, peeled and brunoised
Bay Leaf *1pcs*
Thyme *4bunch*
Bacon *100g*
Chicken Stock *800㎖*
Olive Oil *30㎖*
Salt *1t*
Butter *50g*
Sherry Vinegar *15㎖*
Parsley *10g*

Carrot Puree

Carrot *400g*, peeled and diced
Onion *50g*, peeled and diced
White Wine *50㎖*
Butter *50g*
Chicken Stock *500㎖*
Salt *1t*
Honey *1t*

Glazed Shallot

Shallot *3ea*
Sugar *15g*
White Wine *15㎖*
Chicken Stock *30㎖*
Thyme *1bunch*
Salt *1/2t*

Red Wine Sauce

Beef Bone *10kg*, cut into pcs
Beef Meat *5kg*, cut into pcs
Onion *4ea*, sliced
Carrots *2ea*, diced
Celery *2ea*, diced
Leeks *2ea*, diced
Celery Root *2ea*, diced
Tomato Paste *100g*
Red Wine *4cups*
Spring Thyme *10bunch*
Black Peppercorns *20pcs*
Bay Leaf *2pcs*
Salad Oil *1/4cups*
Chicken Stock *20 ℓ*
Beef Jus *1 ℓ*
Red Wine *500㎖*

Tomato and Thyme Vinaigrette

Tomato *50g*
Shallot *10g*, chopped
Parsley *5g*, chopped
Thyme *3g*, chopped
Salt *5g*
Champagne Vinegar *10㎖*
Sugar *2g*

Bacon Chips

Bacon, 5mm thinly slice *some*

To Finish

Grilled Beef Sirloin *150g*
Lentil *30g*
Carrot Puree *50g*
Glazed Shallot *3ea*
Bacon Chips *2pcs*
Baby Carrot *3ea*
Red Wine Sauce *30㎖*
Fresh Carrot Leaf *some*
Tomato and Thyme Vinaigrette *some*

195

Grilled Beef Sirloin

등심은 지방을 제거하고 손질하여 올리브 오일과 타임, 소금, 후추로 마리네이드한 후 그릴에서 조리한다. 요리를 낼 때는 단면을 잘라서 낸다.

Lentil

렌틸콩을 하룻밤 정도 물에 담가 불린다. 큰 팬에 불린 렌틸콩과 당근, 양파, 월계수잎과 베이컨을 닭육수에 넣고 호일로 덮개를 만들어 덮는다. 미리 예열된 오븐에 130℃로 1시간 반가량 조리하여 상온에서 식힌 후 보관한다. 올리브 오일에 베이컨을 은근히 볶는다. 베이컨이 익으면 샬롯(양파로 대체 가능), 당근, 셀러리를 부드러워질 때까지 볶는다. 그리고 미리 준비해둔 렌틸콩과 닭육수를 넣고 끓인다. 소금과 식초를 넣어 간을 한 후, 버터와 다진 파슬리를 넣고 마무리한다.

Carrot Puree

버터에 양파를 은근히 볶는다. 양파가 익으면 당근을 넣고 볶다가 화이트 와인을 넣고 졸인다. 와인이 졸면 닭육수를 넣고 당근이 익을 때까지 뭉근히 끓인다. 당근이 익으면 걸러 믹서에 곱게 갈면서 소금과 꿀을 넣고 간다. 당근을 갈 때 마지막 즈음에 찬 버터를 넣어주면 윤기도 나고 부드러워진다.

Glazed Shallot

팬에 설탕을 넣고 갈색으로 끓인다. 반으로 자른 샬롯을 넣고 자른 면을 팬에 넣고 색을 입힌 후, 화이트 와인을 넣고 조린다. 닭육수를 조금씩 넣어주면서 뚜껑을 덮고 은근히 익히는데, 이때 타임을 넣고 같이 조리한다. 익히면서 소금간을 한다.

Red Wine Sauce

오븐을 180℃로 예열하여 준비한다. 쇠뼈와 고기를 2개의 시트에 깔아 오븐에서 45분에서 1시간 정도 갈색으로 굽는다. 오일을 넣고 양파, 당근, 셀러리, 대파, 셀러리악을 넣고 볶다가 토마토 페이스트를 넣고 5분간 볶아준다. 준비한 레드 와인을 넣고 시럽 농도가 될 때까지 졸인다. 타임, 월계수잎, 후추, 구운 쇠뼈와 고기, 닭육수를 넣어 5~6시간 약불에서 은근히 끓인다. 준비된 육수를 고운 체에 내려 졸이고, 졸인 소스에 소금간을 한다. 레드 와인을 1/3 졸인 후 비프 소스에 졸인 레드 와인을 넣고 잘 섞는다.

Tomato and Thyme Vinaigrette

토마토에 칼집을 넣고 끓는 물에 10초간 데친 후 바로 찬물에 식힌다. 식으면 껍질과 씨를 제거한 후 3×3×3mm 크기로 썰어둔다. 샬롯과 파슬리, 타임은 곱게 다진다. 준비해둔 야채와 허브를 넣고 간을 한다.

Bacon Chips

베이컨을 얇게 잘라서 시트팬에 가지런히 깔아준다. 130℃의 오븐에 30분 이상 바싹 구워 사용한다.

To Finish

준비된 접시에 당근 퓨레를 골고루 바른 후 렌틸콩을 놓는다. 구운 등심을 가운데에 가지런히 놓고 샬롯, 당근, 베이컨 칩을 장식한다. 레드 와인 소스와 토마토 비네그레트를 곁들이고 당근잎을 올려 장식하여 낸다.

07

Olive Oil Poached Sole with Kalamata Crush Potato Parsley Puree Braising Endive Caper Tomato Basil Salsa

으깬 감자와 올리브, 파슬리 퓨레, 브레이징 엔다이브, 케이퍼 그리고 토마토 바질 살사 오일에 익힌 가자미 요리

Ingredient 재료

Olive Oil Poached Sole

Sole *150g*
Olive Oil *10㎖*
Lemon Zest *3g*
Spring Thyme *1bunch*
Spring Dill *1bunch*
White Pepper *1g*

Kalamata Crush Potato

Small Potato *50g*
Kalamata Olive *5g*
Salt *1t*
Sugar *1/2t*
Extra Virgin Olive Oil *30㎖*
Parsley *5g*

Budock Chips

Budock *1ea*

Parsley Puree

Pasley *1bunch*
Salt *1t*
Olive Oil *30㎖*
Ice Cube *2ea*
Xanthan Gum *1T*

Braising Endive

Endive *4ea*
Orange Juice *50㎖*
Lemon Juice *3㎖*
Salt *1t*
Sugar *1t*
Pepper *1/2t*
Spring Thyme *1bunch*
Butter *15g*

Tomato Basil Salsa

Tomato *50g*
Shallot *10g, minced*
Parsley *5g, chopped*
Spring Basil *3g, chopped*
Salt *5g*
Champagne Vinegar *15㎖*
Sugar *2g*

Brioche Chips

Brioche Bread *30g*
Clarified Butter *15g*

Tomato Chips

Cherry Tomato *5g*
Sugar Powder *some*

Eggplant Chips

Eggplant Skin *1ea*

To Finish

Olive Oil Poached Sole *1ea*
Kalamata Crush Potato *60g*
Parsley Puree *25g*
Braising Endive *1pcs*
Caper *1t*
Tomato Basil Salsa *15g*
Brioche Chips *2pcs*
Budock Chips *1pcs*
Eggplant Chips *1pcs*
Dry Tomato Powder *some*
Tomato Chips *2pcs*
Fresh Lemon Verbena Flower *some*

199

Olive Oil Poached Sole

가자미를 손질하여 준비된 레몬 껍질, 타임, 딜, 후추, 오일로 골고루 마리네이드한 뒤 돌돌 말아 랩으로 다시 말아준다. 진공 팩 용기에 넣고 봉하여 수비드 머신에 51℃로 10분간 조리한다.

Kalamata Crush Potato

감자는 소금을 넣고 껍질째 삶고, 익으면 한김 식인 후 껍질을 벗긴다. 포크로 감자를 거칠게 으깨고 올리브, 소금, 설탕, 엑스트라 올리브 오일과 파슬리 다진 것을 넣고 잘 버무려준다.

Parsley Puree

파슬리는 줄기를 제거하여 끓는 물에 5분간 푹 삶고, 익으면 바로 얼음물에 식혀 색이 변하는 것을 막는다. 물기를 꼭 짠 뒤 올리브 오일, 소금, 얼음을 넣고 믹서에 곱게 갈아준다. 잔탄검으로 농도를 맞추어 사용한다.

Braising Endive

엔다이브를 4등분으로 자른다. 오렌지주스에 소금, 설탕, 레몬주스, 흰 후추를 넣고 간을 한다. 진공 팩 용지에 4등분한 엔다이브, 양념한 오렌지주스, 타임, 버터를 넣고 봉한다. 90℃로 예열한 스팀 오븐에 50분간 조리한 뒤, 얼음물에 식인다. 엔다이브주스를 넣고 브레이징하여 낸다.

Tomato Basil Salsa

토마토에 칼집을 넣고 끓는 물에 10초간 데친 후 바로 찬물에 식힌다. 식으면 껍질과 씨를 제거한 후 3×3×3mm 크기로 썰어둔다. 샬롯과 파슬리, 바질은 곱게 다지고, 야채와 허브를 넣고 간을 한다. 샴페인 식초와 소금, 설탕을 넣고 잘 섞어 낸다.

Brioche Chips

브리오슈는 슬라이스 기계를 사용하여 5mm 두께로 썰고, 롤러로 얇게 밀어 편다. 모양 틀로 찍어 준비한 뒤, 실리콘 패드에 놓고 다시 덮는다. 130℃로 예열된 오븐에 20분가량 구운 뒤 마무리한다.

Budock Chips

우엉을 깨끗이 씻어 준비한다. 슬라이스 기계를 사용하여 2mm 두께로 썰고, 160℃ 온도로 구부러지지 않게 모양을 살려 튀겨낸다.

Tomato Chips

방울토마토를 깨끗이 씻어 준비한다. 슬라이스 기계를 사용하여 2mm 두께로 썬다. 실리콘 패드에 토마토를 놓고 슈가 파우더를 뿌린 후 50℃ 온도로 예열한 식품 건조기에 12시간가량 건조시킨다.

Eggplant Chips

깨끗이 씻어 준비한 가지를 감자 칼을 이용하여 길게 껍질을 벗긴다. 0.5mm 폭으로 자른 뒤 구부러지지 않게 모양을 살려 160℃의 기름에 튀겨낸다.

To Finish

준비된 접시에 올리브 감자를 놓고 그 위에 생선을 놓는다. 파슬리 퓨레를 바르고 브레이징한 엔다이브와 케이퍼 칩을 가지런히 놓는다. 토마토 바질 살사와 레몬 꽃을 곁들여 장식하여 낸다.

Ingredient 재료

Pan Seared Brioche Bread Crust Cod

Cod *150g*

Brioche Bread *30g*

Spring Thyme Leaf *2g*

Egg Yolk *15g*

Salt *some*

Pepper *some*

Red Wine Butter

Butter *650g*

Shallot *100g*

Red Wine *700㎖*

Port Wine *100㎖*

Parsley *50g*

Paprika Powder *10g*

Salt *10g*

Pepper *10g*

Tabasco *5㎖*

Olive Stone

Black Olive *50g*

Olive Oil *50㎖*

Maltodextrin *some*

Capsicum Coulisse

Shallot *20g, chopped*

Garlic *5g, chopped*

Capsicum Red *200g*

Olive Oil *10㎖*

Salt *some*

Cayenne Pepper *some*

Basil Pesto

Olive Oil *220㎖*

Basil *150g*

Pine Nut *50g, toasted*

Parmesan Cheese *20g*

Salt *some*

Aioli Sauce

Garlic Clove *3pcs, minced*

Egg Yolk *50g*

Olive Oil *1cups*

Dijon Mustard *1t*

Cold Water *10㎖*

Lemon Juice *15㎖*

Salt *1/8t*

To Finish

Cod *150g*

Red Wine Butter *2pcs*

Olive Stone *some*

Capsicum Coulisse *30g*

Asparagus *3ea*

Baby Carrot *3ea*

Aioli Sauce *30㎖*

Basil Pesto *15g*

Amaranth Leaf *some*

Fresh Dill *some*

Tropaeolum Flower *some*

08

Pan Seared Cod with Brioche
Thyme Crust Red Wine Butter Olive Stone
Capsicum Coulisse Asparagus Aioli Sauce

레드 와인 버터, 올리브 스톤, 파프리카 쿨리, 아스파라거스를 곁들인 아이올리 소스의
타임 브리오슈 빵을 입힌 대구 구이

Pan Seared Brioche Bread Crust Cod

생선은 손질하여 소금과 후추로 밑간을 하여 준비한다. 브리오슈 빵은 0.5cm 크기로 잘라 타임 잎과 섞어준다. 준비된 생선 위에 노른자를 골고루 바른 뒤 브리오슈 빵을 골고루 묻혀준다. 팬에 오일을 두르고 약불에서 브리오슈 빵 쪽부터 노릇하게 익힌다. 반대쪽도 노릇하게 익혀 낸다.

Red Wine Butter

팬에 오일을 넣고 샬롯을 볶다가 레드 와인을 넣고 조린다. 여기에 포트 와인을 넣고 다시 조려 차갑게 식힌 뒤 준비한다. 버터는 부드럽게 크림화하여 조린 샬롯, 와인, 파슬리, 파프리카 파우더, 소금, 후추, 타바스코를 넣고 잘 섞어준다. 스푼을 이용하여 럭비공 모양으로 둥글게 만든 뒤 낸다.

Olive Stone

올리브는 곱게 다져 50℃의 건조기에서 하루 동안 말려준다. 말린 올리브에 올리브 오일을 넣고 다시 냉동시킨다. 언 올리브를 파코 제 머신에 넣고 2회 이상 곱게 갈아준다. 곱게 갈은 올리브에 말토덱스트린을 조금씩 넣으며 섞는다. 알갱이로 만들어지면 팬에 올려 약불에서 천천히 굽는다.

Capsicum Coulisse

파프리카는 씨를 제거하고 조그만 크기로 잘라 준비한다. 팬에 오일, 샬롯, 마늘을 넣고 다지 않게 볶다가 피프리카를 넣어 천천히 볶는다. 소금과 카이엔페퍼로 간을 하고 부드럽게 완성되면 믹서에 곱게 갈아준다.

Basil Pesto

바질은 뜨거운 물에 소금을 넣고 살짝 데쳐내 얼음물에 식힌다. 물기를 제거하고 올리브 오일을 조금씩 넣어가며 믹서에 간다. 파르메산 치즈, 잣을 넣고 함께 갈아 소금간을 한다.

Aioli Sauce

믹서에 마늘, 노른자, 겨자를 넣고 올리브 오일을 조금씩 넣어가 며 크림화되도록 쳐올려준다. 마요네즈처럼 완성되면 물, 레몬주 스, 소금을 넣고 완성한다.

To Finish

접시에 아스파라거스, 당근을 놓고 그 위에 생선을 가지런히 놓는 다. 레드 와인 버터, 올리브 스톤, 파프리카 쿨리스, 아이올리 소 스, 바질 페스토를 조화롭게 담는다. 허브 항암초, 딜, 한련화꽃으 로 장식하여 낸다.

Pan Seared Halibut with Green Zucchini Puree
Spring Vegetables and Parmesan Foam

쥬키니 호박 퓨레와 야채를 곁들인 파르메산 치즈 폼의 광어 구이

Ingredient 재료

Green Zucchini Puree

  Green Zucchini *1kg*
  Butter *50g*
  Salt *1t*
  Pepper *some*

Spring Vegetables

  Zucchini *10g*
  Turnip *10g*
  Beetroot *10g*
  Cherry Tomato *2ea*
  Yellow Cherry Tomato *1ea*
  Lemon Dressing *15㎖*

Parmesan Foam

  Shallot *20g*, sliced
  Butter *10g*
  White Wine *50㎖*
  Fish Stock *50㎖*
  Chicken Stock *150㎖*
  Fresh Cream *100㎖*
  Spring Thyme *1bunch*
  Parsley *2ea*
  White Peppercorn *2g*
  Parmesan Cheese *50g*
  Salt *1t*

To Finish

  Pan Seared Halibut *150g*
  Green Zucchini Puree *50g*
  Spring Vegetables *some*
  Parmesan Foam *some*
  Fresh Green Sorrel Leaf *some*
  Fresh Oregano Flower *some*

Method 만드는 방법

Green Zucchini Puree

끓는 소금물에 쥬키니 호박을 푹 삶은 뒤, 색이 변하지 않도록 바로 얼음물에 식힌다. 믹서에 삶은 쥬키니 호박을 넣고 농도를 맞추어가며 버터를 넣고 곱게 갈아 고운 체에 내려 사용한다.

Spring Vegetables

쥬키니 호박은 깨끗이 씻어 준비한다. 슬라이스 기계를 사용하여 2mm 두께로 썰고, 반으로 갈라 레몬 드레싱으로 양념한다. 무는 껍질을 벗겨서 슬라이스 기계를 사용하여 3mm 두께로 썰고, 진공 팩에 담아 봉한다. 서비스할 때에는 3cm 폭으로 길이대로 잘라 역시 레몬 드레싱으로 양념한다. 비트는 소금, 식초, 설탕으로 간을 진하게 한 물에 너무 익지 않게 삶는다. 슬라이스 기계를 사용하여 2mm 두께로 썰고, 3cm 폭으로 길이대로 잘라 레몬 드레싱으로 양념한다. 두 가지 토마토는 칼집을 넣고 끓는 물에 10초만 데쳐 얼음물에 식힌다. 실리콘 패드에 껍질을 벗긴 방울토마토를 가지런히 놓고 슈가 파우더를 뿌려 60℃로 예열한 식품 건조기에 8시간 정도 건조시킨다.

Parmesan Foam

버터에 샬롯을 넣고 은근히 볶는다. 샬롯이 익으면 화이트 와인을 넣고 졸인다. 생선육수와 닭육수를 비율대로 넣고 살짝 끓인다. 이때 타임, 파슬리 줄기, 흰 통후추를 넣는다. 반으로 졸여둔 생크림을 넣고 치즈와 소금으로 간을 한 후 거른다.

To Finish

접시에 그린콩 퓨레를 바르고 생선을 올린 뒤 나머지 야채와 오레가노 꽃, 허브 등을 가지런히 곁들인다. 파르메산 폼을 사이사이에 뿌려준다.

10

Slow Roasted Chicken & Lamb Loin Wrapped in Bacon with Braised Short Rib Croquette Roasted Onion Puree King Oyster Mushroom Glazed Onion Truffle Chicken Jus

브레이징 갈비살 크로켓, 구운 양파 퓨레와 새송이버섯을 곁들인 송로버섯 소스의 베이컨으로 감싼 양고기와 닭고기 구이

Ingredient 재료

Chicken & Lamb Loin Wrapped in Bacon

Chicken *1ea*
Lamb Loin *1ea*
Spinach *1bunch*
Smoked Bacon *1pcs*
Olive Oil *15ml*
Spring Thyme *1bunch*
Spring Rosemary *1bunch*
Salt *some*

Braised Short Rib Croquette

Short Rib *5kg*
Carrot *1/3ea*
Onion *1/3ea*
Celery *1/3ea*
Leek *1/3ea*
Tomato Paste *20g*
Red Wine *1cups*
Chicken Stock *5cups*
Spring Thyme *1bunch*
Bay Leaf *1pcs*

Flour *10g*
Whole Egg *1ea*
Bread Crumbs *15g*

Roasted Onion Puree

Onion *5ea*
Cream *1cup*
Butter *20g*
Spring Thyme *1bunch*
Olive Oil *15ml*
Salt *some*

Sautéed King Oyster Mushroom

King Oyster Mushroom *1ea*
Butter *20g*
Spring Thyme *1bunch*
Olive Oil *15ml*
Salt *some*

Cauliflower Chips

Cauliflower *1ea*
Salt *1t*

Black Truffle Powder

Black Truffle *1ea*
Salt *1/4t*

Cauliflower Powder

Cauliflower *1/2ea*
Salt *1/4t*

Glazed Onion

Onion *3ea*
Butter *20g*
Chicken Stock *30ml*
Spring Thyme *1bunch*
Sugar *1T*
Salt *some*

Truffle Chicken Jus

Chicken Jus *4cups*
Black Truffle *1/2cups*
Shallot *1ea*
Butter *50g*
Black Truffle Juice *1cup*
Spring Thyme *2bunch*
Madeira *2cups*

To Finish

Chicken & Lamb
Loin Wrapped in Bacon *1ea*
Braised Short Rib
Croquette *2pcs*
Roasted Onion Puree *60g*
King Oyster Mushroom *3ea*
Glazed Onion *3ea*
Cauliflower Chips *3pcs*
Cauliflower Powder *1T*
Black Truffle Powder *1t*
Truffle Oil *some*
Thyme *2bunch*
Amaranth Leaf *some*

Chicken & Lamb Loin Wrapped in Bacon

닭가슴살은 손질하여 소금, 후추로 간을 해 준비하고, 양고기도 지방을 제거하여 소금, 후추로 밑간을 한다. 시금치는 끓는 물에 소금을 넣고 살짝 데쳐내 얼음물에 식힌 뒤 물기를 제거한다. 준비된 닭가슴살 위에 시금치를 놓고 양고기를 덮어 베이컨으로 말아준다. 올리브 오일, 로즈마리, 타임을 뿌려 다시 랩으로 만다. 오븐에 80℃, 내부 온도 60℃로 조리한다. 완성된 고기를 팬에 버터를 두르고 노릇하게 색이 나도록 살짝 구워 낸다.

Braised Short Rib Croquette

갈비살은 지방을 제거하고 손질하여 준비한다. 소금, 후추로 간을 하고 팬에서 갈색으로 익힌다. 냄비에 양파, 당근, 셀러리, 대파를 넣고 볶다가 토마토 페이스트를 넣고 다시 5분간 볶는다. 여기에 와인을 붓고 졸이다가 닭육수를 붓고 타임과 월계수 잎을 넣어 한 번 끓여준다. 팬에 모든 재료를 넣고 뚜껑을 덮은 뒤 130℃의 오븐에서 5시간 조리한다. 조리된 갈비살은 뜨거울 때 결대로 찢어놓고, 갈비주스는 따로 졸여 준비한다. 준비된 갈비살과 주스를 냄비에 넣고 다시 한 번 섞어 타임과 소금, 후추로 간을 한다. 50g 정도로 갈비살을 뭉쳐 밀가루, 달걀, 빵가루를 묻혀 180℃에 노릇하게 튀겨서 낸다.

Roasted Onion Puree

오븐을 180℃로 예열한다. 양파에 올리브 오일, 타임, 소금을 골고루 뿌려 오븐에서 30~40분간 굽는다. 팬에 버터를 두르고 부드럽게 익은 양파를 볶은 후 크림을 넣어 졸인다. 소금간을 하여 믹서에 곱게 간다.

Sautéed King Oyster Mushroom

새송이버섯은 0.5cm 두께의 편으로 자른다. 달군 팬에 오일을 두르고 타임과 버터를 함께 넣어 노릇하게 앞뒤로 조리한다. 소금으로 간을 한다.

Cauliflower Chips

콜리플라워는 2mm 두께로 자른다. 소금을 골고루 뿌리고 건조기에서 50℃로 5시간 이상 말려 사용한다.

Black Truffle Powder

송로버섯을 곱게 다져 소금으로 간을 하고 건조기에서 50℃로 3시간 이상 말린다. 콜리플라워는 칼을 이용해 겉면만 잘라내어 알갱이를 준비하고 소금간을 하여 사용한다.

Glazed Onion

팬에 설탕을 넣고 갈색으로 끓인다. 반으로 자른 샬롯을 팬에 넣어 색을 입힌 후, 와인을 넣고 졸인다. 닭육수를 조금씩 넣어주면서 뚜껑을 덮고 은근히 익힌다. 이때 버터와 타임을 넣고 같이 조리한다. 익히면서 소금간을 한다.

Truffle Chicken Jus

오븐을 180℃로 예열하여 준비한다. 치킨 뼈를 시트에 깔아놓고 오븐에서 45분~1시간 정도 갈색으로 굽는다. 오일을 넣고 양파, 당근, 셀러리, 대파, 셀러리악을 넣고 황금색으로 볶다가 토마토 페이스트를 넣고 5분 동안 볶아준다. 여기에 준비한 레드 와인을 넣고 시럽 농도가 될 때까지 졸인다. 타임, 월계수잎, 후추, 구운 쇠뼈와 고기, 닭육수를 넣어 5~6시간가량 약불에서 은근히 끓인다. 준비된 육수를 고운 체에 내려 졸이고, 졸인 소스에 소금간하여 완성되면 따로 준비하여 놓는다. 소스팬에 버터, 샬롯을 넣고 볶다가 송로버섯 주스를 붓고 1/3로 졸여 마데리아 와인을 넣고 다시 졸여준다. 준비했던 치킨 소스를 넣고 송로버섯과 타임을 함께 넣어 맛이 어우러 지게 조리한다.

To Finish

준비된 접시에 구운 양파 퓨레를 바르고, 고기를 가운데에 가지런히 놓는다. 새송이버섯, 글레이즈 양파, 콜리플라워 칩, 송로버섯 칩, 타임, 갈비살 크로켓을 가지런히 놓는다. 송로버섯 향의 치킨소스를 뿌리고 약간의 송로버섯 오일을 뿌려 낸다.

Ingredient 재료

Slow Roasted Veal Loin
Wrapped in Crispy Serrano Ham
Chicken Mousse

Chicken Breast *4ea*
Spinach *2T*
Salt *1t*
Pepper *1t*
Cognac *30㎖*
Botton Mushroom *100g*
Parsley *10g, chopped*
Veal Loin *1ea*
Serrano Ham *15g*
Salt *3t*
Pepper *1t*

Semoulina Gnocchi

Milk *1,000㎖*
Butter *50g*
Salt *11g*
Nutmeg *1/2t*
Semolina *220g*
Parmesan Cheese *50g*
Egg Yolk *75g*

Green Pea Moussline

Green Pea *1kg*
Butter *50g*
Salt *1t*
Pepper *some*

Carrots

Carrot *1ea*
Olive Oil *15㎖*
Salt *1t*
Pepper *1/3t*
Spring Thyme *1bunch*

Baby Carrot

Carrot *1ea*
Butter *50g*
Salt *1t*
Pepper *1/2t*
Spring Thyme *1bunch*
Chicken Stock *100㎖*

Provencal Sauce
Kalamata Meuniere Sauce
Beef Jus

Beef Bone, cut into pcs *10kg*
Beef Meat, cut into pcs *5kg*
Onion *4ea, sliced*
Carrot *2ea, diced*
Leek *2ea, diced*
Celery Root *2ea, diced*
Tomato Paste *1/2cups*
Red Wine *4cups*
Spring Thyme *10bunch*
Black Peppercorn *20pcs*
Bay Leaf *2pcs*
Salad Oil *1/4cups*
Chicken Stock *20L*

Butter *100g*
Beef Jus *100㎖*
Shallot *10g*
Tomato Concasse *10g*
Parsley *5g*
Salt *1t*
Pepper *1/3t*

11

Slow Roasted Veal Loin Wrapped in Crispy Serrano Ham Semoulina Gnocchi Green Pea Mousseline Carrot Provencal Sauce

세몰리나 뇨끼, 그린콩 무슬린, 당근 그리고 프로방스 소스의 세라노 햄과 송아지 등심 구이

Braising Red Chard Leaves

Red Chard *2pcs*
Butter *20g*
Salt *1t*
Pepper *1/3t*
Chicken Stock *50㎖*

Dry Cherry Tomato

Cherry Tomato *2pcs*
Olive Oil *15㎖*
Salt *1/2t*
Sugar *1/4t*

Tomato Vinaigrette

Tomato Concasse *10g*
Shallot Chop *2g*
Extra Virgin Olive Oil *3㎖*
White Wine Vinegar *2㎖*
Parsley Chop *2g*
Salt *2g*
Pepper *1g*

To Finish

Veal Loin *1ea*
Semoulina Gnocchi *1pcs*
Green Pea Mousseline *20g*
Roasted Carrot *1pcs*
Baby Carrot *2pcs*
Provencal Sauce *30㎖*

Braising Red Chard Leaf *2pcs*
Fresh Carrot Leaf *some*
Crispy Serrano Ham *1pcs*
Tomato Confit *2pcs*
Tomato Vinaigrette *15㎖*
Parsley Puree *25g*
Braising Endive *1pcs*
Caper *1t*
Tomato Basil Salsa *1T*
Brioche Chips *2pcs*
Budock Chips *1pcs*
Eggplants Chips *1pcs*
Dry Tomato Powder *1t*
Tomato Chips *2pcs*
Fresh Lemon Verbena
Flower *some*

215

Slow Roasted Veal Loin Wrapped in Crispy Serrano Ham Chicken Mousse

재료들을 하루 동안 재워놓고 혼합물을 무스처럼 아주 곱게 간다.
버섯은 3×3×3mm 크기로 썰어 버터에 노릇하게 볶아서 식힌다. 준비된 무스에 볶은 버섯, 다진 파슬리, 레몬주스를 넣는다. 송아지 고기는 잘 손질해 랩으로 단단히 말아 하루 동안 굳힌다. 바닥에 랩을 깐 뒤, 세라노 햄을 가지런히 놓고 그 위에 미리 준비해둔 닭 무스를 5mm 두께로 펼친다. 마지막으로 단단히 굳힌 송아지 고기를 놓고 단단히 말아준다. 잘 달군 팬에 기름을 두르고 세라노 햄이 황금색이 되도록 빠르게 굽는다. 80℃로 예열된 오븐에 온도계 바늘을 꽂고 안쪽 온도를 53℃로 설정한 뒤 굽는다.

Semoulina Gnocchi

우유, 버터, 소금, 넛메그를 같이 넣고 한 번 끓여 불에서 내린다. 세몰리나 밀가루를 천천히 넣으면서 잘 저어주고, 뚜껑을 덮어 10분간 둔다. 여기에 파르메산 치즈와 달걀노른자를 넣고 잘 저은 뒤 트레이에 넣어 굳힌다. 잘 식혀 트레이에서 빼내어 실리콘 패드 위에 놓고 파르메산 치즈 가루를 충분히 뿌린 뒤, 180℃로 예열된 오븐에 20분간 굽는다. 자를 때는 모양을 내기 쉽도록 식은 뒤에 자르는 것이 좋다.

Green Pea Moussline

끓는 소금물에 완두콩을 푹 삶아 바로 얼음물에 식힌다. 믹서에 삶은 콩과 버터를 넣고 곱게 갈아 고운 체에 걸러준다.

Carrot

당근은 깨끗이 씻어 꼭지 부분을 자르고 껍질을 벗겨 준비한다. 준비된 당근을 팬에 놓고 올리브 오일, 소금, 후추로 밑간을 하여 타임과 함께 170℃로 예열된 오븐에 40~50분간 굽는다. 모양대로 잘라 버터를 넣고 살짝 데워 낸다.

Baby Carrot

당근은 깨끗이 씻어 껍질을 벗기되, 꼭지 부분은 다 자르지 말고 조금 남기고 잎은 따로 준비한다. 육수에 소금, 후추, 버터, 타임을 넣고 당근이 뭉그러지지 않도록 삶는다. 육수, 소금, 후추, 버터를 넣고 볶아서 낸다.

Provencal Sauce Kalamata Meuniere Sauce
Beef Jus

오븐을 180℃로 예열하여 준비한다. 쇠뼈와 고기를 2개의 시트에 깔아 오븐에서 45분에서 1시간 정도 갈색으로 굽는다. 오일을 넣고 양파, 당근, 셀러리, 대파, 셀러리악을 넣고 볶다가 토마토 페이스트를 넣고 5분간 볶아준다. 준비한 레드 와인을 넣고 시럽 농도가 될 때까지 졸인다. 타임, 월계수잎, 후추, 구운 쇠뼈와 고기, 닭육수를 넣어 5~6시간 약불에서 은근히 끓인다. 준비된 육수를 고운 체에 내려 졸이고, 소금간을 한다. 토마토는 꼭지를 제거한 뒤 칼집을 넣고 끓는 물에 10초간 데쳐 얼음물에 식힌다. 껍질과 씨를 제거한 뒤 5×5×5mm 크기로 잘라 준비한다. 미리 예열된 팬에 버터를 넣고 브라운 버터를 만들고, 팬을 불에서 내린 뒤 남은 열로 곱게 다진 샬롯을 볶아준다. 샬롯이 잘 볶아지면 미리 준비한 비프 소스와 준비한 토마토를 넣고 끓인다. 소금간을 한 뒤, 마지막에 곱게 다진 파슬리를 넣는다.

Braising Red Chard Leaves

적근대는 줄기 부분을 제거하고, 팬에 적근대와 닭육수, 소금, 후추를 넣고 뚜껑을 덮어 재빠르게 익힌다. 마지막에 버터를 넣어 엉기게 한다.

Dry Cherry Tomato

깨끗이 씻은 방울토마토를 4등분하여 실리콘 패드에 가지런히 놓는다. 올리브 오일, 소금, 설탕을 흩뿌린다. 60℃로 예열된 식품 건조기에 12시간 동안 건조시킨다.

Tomato Vinaigrette

토마토는 꼭지를 제거한 뒤 5×5×5mm 크기로 잘라 칼집을 넣고 끓는 물에 10초간 데쳐 얼음물에 식힌다. 준비된 토마토, 곱게 다진 샬롯과 올리브 오일, 백포도주 식초, 소금, 후추를 넣고 잘 버무린다. 마지막에 다진 파슬리를 넣고 마무리한다.

To Finish

준비된 접시에 송아지 고기, 구운 당근, 세몰리나 뇨끼를 가지런히 담는다. 브레이징한 적근대, 당근, 토마토, 세라노 햄을 조화롭게 놓는다. 프로방스 소스와 토마토 비네그레트 소스를 곁들여 낸다.

12

Pan Seared Seabream with Orange Scented Cous Cous Glazed Bok Choi Port Wine Pear Citrus Foam Porcini Sauce

오렌지 향의 쿠스쿠스와 청경채, 와인에 절인 배 그리고 오렌지 향의 폼을 곁들인
포치니 버섯 소스의 도미 구이

Ingredient 재료

Pan Seared Seabream

Seabream *2pcs*
Olive Oil *15㎖*
Spring Dill *1/4bunch*
Salt *some*
Pepper *some*

Orange Scented Cous Cous

Cous Cous *100g*
Orange Zest *5g*
Parsley *10g*, chopped
Black Olive *10g*, chopped
Sundry Tomato *10g*, chopped
Lemon Juice *15㎖*
Olive Oil *15㎖*
Salt *some*
Pepper *some*

Glazed Bok Choi

Bok Choi *1ea*
Butter *20g*
Chicken Stock *30㎖*
Salt *some*
Pepper *some*

Port Wine Pear

Red Wine Vinegar *25㎖*
Port Wine *100㎖*
Red Wine *100㎖*
Sugar *100g*
Pear *1pcs*
Bay Leaf *1pcs*

Porcini Sauce

Porcini Mushroom Brunoise *100g*
Button Mushroom Brunoise *50g*
Shallot *30g*, chopped
Brandy *15㎖*
Chicken Jus *2cups*
Butter *20g*
Salt *some*

Citrus Foam

Orange Juice *100㎖*
Butter *20g*
Shallot *20g*, minced
White Wine *30㎖*
Fresh Cream *50㎖*
Salt *1t*
Fresh Lemon Juice *30㎖*

To Finish

Pan Seared Seabream *150g*
Orange Scented Cous Cous *50g*
Glazed Bok Choi *1ea*
Port Wine Pear *4pcs*
Citrus Foam *3T*
Porcini Sauce *30㎖*
Pumpkin *5pcs*
Zucchini *3pcs*
Lemon Zest *5g*
Fresh Dill *some*

Method 만드는 방법

Pan Seared Seabream

도미는 손질하여 75g씩 준비하여 올리브 오일, 딜, 소금, 후추로 마리네이드한다. 팬에 오일을 두르고 중불에서 노릇하게 익힌다.

Orange Scented Cous Cous

뜨거운 물에 쿠스쿠스를 넣고 뚜껑을 덮은 뒤 부드럽게 익을 때까지 5분간 조리하고, 부슬부슬하게 식힌다. 오렌지 제스트, 올리브, 토마토, 레몬주스, 올리브 오일, 파슬리, 소금, 후추를 넣고 잘 섞어준다.

Glazed Bok Choi

청경채는 깨끗이 씻어 손질하여 뜨거운 물에 살짝 데친 후 얼음물에 식혀 물기를 제거한다. 팬에 청경채, 버터, 닭육수, 소금, 후추를 넣고 윤기나게 조린다.

Port Wine Pear

배는 껍질을 벗기고 8~10등분하여 모양을 내어 준비한다. 팬에 레드 와인, 포트 와인, 설탕, 월계수잎을 넣고 1/3가량 졸여준다. 배를 넣고 한 번 더 끓인 후 실온에서 보관한다. 배에 와인 맛과 향이 충분히 절여지면 사용한다.

Porcini Sauce

소스팬에 버터와 샬롯을 넣고 볶고 포치니 버섯, 양송이 버섯도 볶아준다. 브랜디를 붓고 알코올이 날아가도록 끓인다. 치킨소스를 붓고 잘 섞어, 포치니 향이 잘 나도록 천천히 약불에서 끓인다. 소금간을 하여 사용한다.

Citrus Foam

소스팬에 버터와 샬롯을 넣고 약불에서 볶는다. 와인을 넣고 졸이다가 오렌지주스를 넣고 반으로 졸이고, 크림을 넣고 다시 천천히 졸여준다. 완성된 소스를 믹서에 곱게 갈아 레몬주스, 소금으로 간을 한다. 음식을 낼 때는 핸드믹서로 거품을 내어 사용한다.

To Finish

접시에 쿠스쿠스를 놓고 그 위에 생선을 가지런히 놓는다. 청경채, 와인에 절인 배, 호박, 쥬키니호박, 포치니 소스, 오렌지 향의 폼을 조화롭게 담아 낸다. 레몬 제스트와 딜로 장식한다.

13

Pan Seared Seabass with Tomato Fondue Compress Melon Goat Cheese Broccoli Fennel Espuma

토마토 퐁듀, 멜론, 브로콜리와 염소 치즈를 곁들인 회향 에스푸마의 농어 구이

Ingredient 재료

Tomato Fondue

Shallot 30g, chopped
Tomato 100g
Tomato Juice 50㎖
Olive Oil 15㎖
Tomato Paste 20g
White Wine 10㎖
Spring Basil 5g
Salt 1t
Sugar 1t
White Vinegar 100㎖

Compress Melon

Melon 1pcs
Melon Juice 30㎖

Fennel Espuma

Fennel 350g, sliced
Onion 2ea, sliced
Chicken Stock 400㎖
Gelatin 2pcs
Cream 250㎖
Pernod Wine 25㎖
White Wine 30㎖
Potato 2ea
Fennel Seed 1t
Salt 1t
Pepper 2g
Butter 50g

Dry Tomato Powder

Small Tomato 1ea
Olive Oil 15㎖
Spring Thyme 1bunch
Spring Basil 1bunch
Garlic 1pcs, sliced
Sugar 1T
Salt some
Pepper some

Black Olive Powder

Black Olive 50g, chopped

To Finish

Pan Seared Seabass 150g
Tomato Fondue 70g
Compress Melon 20g
Goat Cheese 15g
Broccoli 10g
Cauliflower 15g
Fennel Espuma 45g
Boiled Egg Yolk 10g
Boiled Egg White 15g
Dry Tomato Powder 5g
Black Olive Powder 5g
Red Sorrel Leaf some
Yellow Chicory Leaf some

Tomato Fondue

토마토 끝에 칼집을 넣고 끓는 물에 10초간 데친 후, 바로 얼음물에 식힌다. 껍질과 씨를 제거하고 0.5×0.5×0.5mm 크기로 썰어 준비한다. 올리브 오일에 곱게 다진 샬롯을 넣고 약한 불에 타지 않게 볶다가 투명하게 익으면 토마토 페이스트를 넣고 1분간 볶는다. 페이스트 특유의 떫은 향이 없어지면 화이트 와인을 넣고 졸인다. 토마토주스를 넣고 바질을 넣어 간을 한 뒤, 뭉근히 끓인다. 이때 토마토가 뭉개지지 않을 정도로 조리하고, 거즈 또는 체에 걸러 물기를 제거한다. 음식을 낼 때는 바질을 채 썰어 넣는다.

Compress Melon

멜론을 1cm 두께로 썰어 진공 팩에 담아둔다. 정사각형으로 썰어서 낸다.

Fennel Espuma

펜넬, 양파, 감자를 채 썬 뒤, 버터에 색이 나지 않도록 볶는다. 재료가 익으면 화이트 와인과 페노 와인을 넣고 졸인다. 닭육수를 넣은 뒤 소금과 후추를 넣고 간을 하고, 다 익으면 곱게 갈아 걸러서 식힌다. 판 젤라틴은 차가운 물에 부드러워질 때까지 담가두었다가 뜨거운 물에 중탕으로 녹인 뒤 크림과 같이 미리 식혀 놓은 완성품에 섞는다. 하루 동안 냉장고에 보관한다. 낼 때는 에스푸마 머신에 담아서 사용한다.

Dry Tomato Powder

토마토는 반으로 자른 뒤 올리브 오일, 바질, 타임, 마늘, 설탕, 소금, 후추를 골고루 뿌려준다. 60℃의 건조기에서 12시간 이상 말려 곱게 다져 사용한다.

Black Olive Powder

블랙 올리브를 거칠게 다져 60℃로 예열된 건조기에서 12시간 정도 건조시킨다. 실온에 보관하여 사용한다.

To Finish

준비된 접시에 토마토 퐁듀를 원형 틀에 찍어 담아낸다. 그 위에 염소 치즈, 브로콜리, 삶은 달걀, 콜리플라워 잎을 가지런히 놓고 생선을 얹는다. 멜론과 올리브 파우더, 토마토 파우더, 토마토 퐁듀를 사이에 놓고 펜넬 에스푸마를 뿌려서 낸다.

14

Poached Lobster and Carrot Basil Squid Ink Potato Chips Lobster Crumbs and Parmesan Foam

당근과 바질, 오징어 먹물 소스와 파르메산 폼을 곁들인 바닷가재

Ingredient 재료

Poached Lobster

Lobster *1ea*
Onion *1/2ea*
Carrot *1/2ea*
Leek *1/2ea*
Celery *1/2ea*
Parsley *1bunch*
Salt *2T*

Carrot Puree

Carrot *900g*
Carrot Juice *50㎖*
Salt *some*

Squid Ink Sauce

Squid Ink *100g*
Fish Stock *25㎖*
White Wine *some*
Olive Oil *30㎖*
Garlic *1clove*
Shallot *1ea*
Salt *some*
Pepper *some*

Potato Chips

1. Baked Potato Stock

Potato *8ea*
Olive Oil *1/2cups*
Kosher Salt *1T*
Hot Water *1ℓ*

2. Baked Potato Gel 2ea

Potato Starch *30g*
Baked Potato Stock *2cups*

Lobster Crumbs

Bread Flour *150g*
Almond Flour *200g*
Sugar *25g*
Salt *2t*
Lobster Butter *125g, cold*

Parmesan Foam

Parmesan Cheese *150g, grated*
Butter *20g*
Shallot *20g, minced*
White Wine *30㎖*
Fresh Cream *50㎖*
Salt *1t*
Fresh Lemon Juice *30㎖*

Basil Gel

Basil Leaf *2cups*
Ice Cube *2ea*
Agar-agar *3.5g*
Salt *some*

To Finish

Butter Poached Lobster *1ea*
Carrot Puree *20g*
Basil Gel *15g*
Squid Ink *20g*
Parmesan Cheese Foam *3T*
Potato Chips *some*
Lobster Crumbs *20g*
Romaine Lettuce *some*
Salad Burnet *some*

Poached Lobster

중간 크기의 냄비에 야채를 넣고 끓인 후 70℃로 7분간 바닷가재를 삶는다. 몸통은 차가운 얼음물에 식히고 나머지 집게발은 7분간 더 삶아 얼음물에 식혀준다. 삶은 바닷가재를 손질하여 껍질을 벗겨낸 뒤 알맞은 크기로 준비한다.

Carrot Puree

당근은 껍질을 벗겨 1cm 크기로 자른 다음 소금, 당근주스와 섞어 뚜껑을 덮고 약불에서 부드러워질 때까지 천천히 익힌다. 익은 당근을 곱게 믹서에 갈아 고운 체에 내려 사용한다.

Basil Gel

바질은 뜨거운 물에 살짝 데쳐 차가운 얼음물에 식히고, 물기를 제거하여 얼음과 함께 믹서에 곱게 간다. 갈아놓은 바질과 약간의 물과 한천을 소스팬에 넣고 젓는다. 농도가 적당해지면 소금간을 한다.

Squid Ink Sauce

달군 팬에 오일, 다진 마늘, 샬롯을 넣고 볶다가 백포도주를 넣고 알코올을 날려준다. 오징어 먹물을 넣어 잘 저은 다음 생선육수를 넣고 졸인다. 소스의 농도가 적당해지면 소금, 후추로 간을 하고 얼음물에 식힌다. 완성된 소스는 소스 통에 담아 사용한다.

Potato Chips

감자는 껍질을 벗겨 1cm 크기로 자르고 오일, 소금을 넣고 간을 한다. 160℃의 오븐에 25분간 굽는다. 구운 감자를 뜨거운 물에 넣고 2시간 동안 뚜껑을 닫아 실온에 보관한 뒤 곱게 믹서에 갈아준다. 곱게 간 감자 스톡에 감자 전분을 넣고 약불에서 저어준다. 시트 종이에 얇게 펴 바른 후 60℃의 건조기에서 2시간가량 말린다. 원하는 사이즈로 잘라서 170℃의 기름에 튀긴다.

Lobster Crumbs

오븐은 170℃로 예열한다. 믹싱볼에 밀가루, 아몬드 가루, 설탕, 바닷가재 버터, 소금을 넣고 섞는다. 시트 종이에 골고루 펴준 뒤 20분 정도 갈색이 나도록 오븐에 굽는다. 완성된 가루를 적당하게 으깨어 사용한다.

Parmesan Foam

소스팬에 버터와 샬롯을 넣고 약불에서 볶는다. 와인을 넣고 졸이다가 닭육수, 파르메산 치즈를 넣고 다시 반으로 졸이고, 크림을 넣어 천천히 졸여준다. 믹서에 곱게 갈아 레몬주스, 소금을 넣어 간을 한다. 핸드믹서로 거품을 내어 사용한다.

To Finish

접시에 당근, 바질, 오징어 먹물 소스를 바른 후 바닷가재를 조화롭게 놓고 가니쉬로 감자칩, 바닷가재 크럼블, 양상추 잎, 오이풀을 장식한다. 마지막으로 파르메산 폼으로 마무리한다.

Ingredient 재료

**Poached Sea Bass
Wrapped in Zucchini**

Sea Bass Fillet *2portion*

Zucchini *1ea*, 1mm slice

Sundry Tomato *30g*

Lemon Zest *5g*

Olive Oil *15㎖*

Salt *some*

Pepper *some*

Balsamic Spaghetti

Balsamic Vinegar *150㎖*

Agar-agar *2g*

Ice Water *some*

Fennel Mousseline

Fennel *350g*, sliced

Onion *1/2ea*, sliced

Chicken Stock *400㎖*

Cream *400㎖*

White Wine *30㎖*

Potato *1ea*

Butter *50g*

Salt *some*

Pepper *some*

Grapefruit Jelly

Grapefruit Juice *2cups*

Gelatine *10sheets*

Agar-agar *1.5g*

Salt *1T*

Citrus Beurre Blanc

Orange Juice *1cups*

White Wine *1/2cups*

Cream *1/2cups*

Cold Butter *300g*

Shallot *1ea*, sliced

Salt *1T*

Braised Fennel

Fennel *3ea*

Orange Juice *1/2cups*

Lemon Juice *30㎖*

Pernod Wine *15㎖*

Thyme *2bunch*

Butter *40g*

Salt *some*

Pepper *some*

Onion Chips

Onion *1ea*

Olive Oil *some*

Salt *some*

To Finish

Poached Sea Bass Wrapped
in Zucchini *150g*

Braised Fennel *1ea*

Balsamic Spaghetti *20g*

Brussel Sprout *2ea*

Fennel Mousseline *50g*

Grapefruit Jelly *30g*

Citrus Beurre Blanc *1T*

Onion Chips *some*

Fresh Chervil *some*

Tropaeolum Flower *some*

15

Poached Sea Bass Wrapped in Zucchini with Balsamic Spaghetti Braised Fennel Brussel Sprout Fennel Mousseline Grapefruit Jelly and Citrus Beurre Blanc

발사믹 스파게티와 브레이징 회향, 회향 무슬린,

자몽 젤리를 곁들인 뵈르 블랑 소스의 애호박으로 감싼 농어 구이

Method 만드는 방법

Poached Sea Bass Wrapped in Zucchini

농어는 포를 떠 두 장을 준비하고 소금과 후추로 밑간을 한다. 애호박은 길고 얇게 자르고, 말린 토마토는 평평하게 펴준다. 준비한 생선의 한쪽 위에 토마토를 가지런히 놓고 다시 생선을 덮어 겹쳐진 애호박으로 돌돌 말아준다. 레몬, 올리브 오일, 소금, 후추를 골고루 뿌린 뒤 다시 랩으로 말아준다. 진공 팩에 넣어 봉하고 수비드머신에서 51℃로 12분간 조리한다.

Balsamic Spaghetti

발사믹 식초와 한천을 잘 혼합하여 약한 불에서 한천이 녹을 수 있도록 천천히 잘 저어준다. 얼음물과 주사기, 고무 호스를 준비한다. 주사기를 이용해 발사믹 식초를 호스에 주입한다. 주입한 호스를 2분간 얼음물에 담갔다가 주사기로 발사믹 식초를 밀어낸다. 물기를 제거한 후 발사믹 스파게티를 사용한다.

Fennel Mousseline

팬에 버터, 양파를 넣고 볶다가 와인을 넣고 끓여 알코올을 날려준다. 펜넬, 감자를 넣고 볶다가 닭육수를 붓고 반으로 졸인다. 크림을 넣고 펜넬이 부드러워지면 소금, 후추로 간을 하고 믹서에 곱게 갈아 고운 체에 다시 내려 사용한다.

Grapefruit Jelly

자몽주스를 약한 불에서 은근히 데운다. 여기에 한천, 젤라틴을 넣고 잘 섞이도록 저어준 뒤 간을 하여 얼음물에 식힌다. 굳기 전에 틀에 주스를 붓고 냉장에서 굳힌다. 완성된 젤리를 틀에서 꺼내어 원형 틀로 찍어 사용한다.

Citrus Beurre Blanc

소스팬에 샬롯, 와인을 넣고 1/3로 졸이다가 오렌지주스를 넣고 다시 1/3로 졸인다. 여기에 크림을 붓고 다시 1/3가량으로 졸여준다. 불을 줄이고 약불에서 버터를 조금씩 넣어가며 소스를 완성한다. 소금간을 하고 고운 체에 거른 뒤 사용한다.

Braised Fennel

펜넬은 손질하여 반달 모양으로 자른다. 오렌지주스, 레몬주스, 와인, 소금, 후추를 잘 혼합하여 준비한다. 진공 팩에 펜넬을 넣고 믹스한 주스를 조금 넣고 버터, 타임을 넣는다. 스팀 오븐에서 90℃로 30분간 조리한다.

Onion Chips

양파는 얇게 잘라 올리브 오일에 갈색이 나도록 볶는다. 시트팬에 골고루 펼쳐 50℃의 건조기에서 24시간 동안 말려준다. 말린 양파를 거칠게 다져 사용한다.

To Finish

준비된 접시에 발사믹 스파게티를 놓고 생선을 그 위에 놓는다. 펜넬 무슬린을 바르고 미니양배추, 자몽 젤리, 양파 칩, 펜넬, 허브, 꽃으로 조화롭게 장식한 뒤 오렌지 버터 소스를 뿌려 마무리한다.

16

Poached Sea Bream with Tomato Mousse Beetroot Pommery Horseradish Cream and Horseradish Sauce

토마토 무스, 비트와 겨자 와사비 크림을 곁들인 와사비 소스의 도미 요리

Ingredient 재료

Poached Sea Bream

Sea Bream Fillet 1pcs
Olive Oil 15㎖
Fresh Dill 1bunch
Lemon Zest 5g
Salt some

Tomato Mousse

Butter 200g
Tomato 5ea
Cherry Tomato 400g
Shallot 80g, sliced
Tomato Paste 50g
Ketchup 80g
Whipped Cream 250g
Rosemary 1bunch
Thyme 3bunch
Basil 1bunch
Bay Leaf 1pcs
Red Wine Vinegar some
Champagne Vinegar some
Gelatin for 1,000㎖ Tomato
Fondue 9 sheets

Pommery Horseradish Cream

Pommery Mustard 20g
Horseradish 10g
Whipping Cream 250㎖
Lemon Juice 15㎖

Horseradish Sauce

Onion 1ea, sliced
Olive Oil 15㎖
White Wine 50㎖
Horseradish 20g
Cream 250㎖
Butter 50g
Salt some

Roasted Beetroot

Beetroot 1ea
Olive Oil 1/3cups
Salt some
Sugar 4T
Red Wine Vinegar 1cups

Pickled Beetroot

White Balsamic Vinegar 1cups
Sugar 1cups
Salt 1/4cups
Beetroot 1ea

Beetroot Chips

Beetroot 60g
Icing Sugar 10g
Isomalt 13g
Glucose 3g

To Finish

Poached Sea Bream 2pcs
Tomato Mousse 2pcs
Beetroot 3pcs
Pommery Horseradish Cream 10g
Horseradish Sauce 50㎖
Beetroot Chips some
Pickled Beetroot some
Micro Herb some

Poached Sea Bream

도미는 손질하여 포를 떠 50g씩 준비하고 올리브 오일, 딜, 레몬 제스트, 소금, 후추로 마리네이드한다. 준비된 생선을 진공 팩에 넣은 뒤 수비드 머신에서 51℃로 7분간 조리한다.

Tomato Mousse

팬에 버터, 샬롯을 넣고 천천히 볶다가 토마토, 방울토마토를 넣어 잘 볶아준다. 여기에 토마토 페이스트를 더하고 충분히 볶아지면 케첩, 로즈마리, 타임, 바질, 월계수잎, 식초를 넣고 부드러워질 때까지 익힌다. 완성된 소스를 고운 체에 내려 얼음물에 식힌다. 따뜻한 상태에서 젤라틴을 혼합하고 완전히 식힌 다음 휘핑크림을 잘 섞는다. 사각 틀에 소스를 부은 뒤 평평하게 고루 부드럽게 펴서 냉장고에서 굳힌다. 요리를 낼 때는 작은 크기의 스푼과 함께 낸다.

Pommery Horseradish Cream

크림에 위스키를 넣고 거품을 내 부드러운 휘핑크림을 만들고 씨겨자, 홀스래디시, 레몬주스를 넣어 완성한다. 완성된 크림은 스푼을 이용하여 럭비공 모양으로 만들어 사용한다.

Horseradish Sauce

팬에 올리브 오일, 양파를 넣고 볶는다. 여기에 와인을 넣고 끓여 알코올을 날려준 뒤 홀스래디시와 크림을 넣고 졸인다.농도가 석낭해시먼 버터를 넣고 살 섞어 긴을 한 후 고운 체에 내린다.

Roasted Beetroot

비트는 깨끗이 씻어 올리브 오일, 소금, 설탕, 식초를 고루 뿌린 뒤 오븐에서 150℃의 온도로 60분간 굽는다. 조리된 비트를 원형 틀로 찍어 사용한다.

Pickled Beetroot

비트는 껍질을 벗기고 2mm 두께로 얇게 자른 뒤 원형 틀로 찍어 준비한다. 화이트 발사믹 식초, 소금, 설탕을 잘 혼합한 물에 3시간 이상 비트를 담가두었다가 사용한다.

Beetroot Chips

삶은 비트를 엿기름, 설탕, 이소말토와 함께 믹서에 부드럽게 갈아준다. 고운 체에 내려 실리콘 시트에 얇게 편 다음 오븐에서 120℃로 12분간 굽는다.

To Finish

접시에 생선을 가지런히 놓고 사이사이에 비트, 토마토 무스, 허브 피클 비트, 비트 칩, 홀스래디시 크림을 놓는다. 마지막으로 홀스래디시 소스를 유리그릇에 담아 마무리한다.

Ingredient 재료

Poached Truffle Mero

Mero Fillet *1pcs*
Black Truffle *2ea*
Mero Mousse *50g*
Salt *2t*

Mero Mousse

Mero *1cup*, diced
Egg White *40g*
Salt *1t*
Cayenne Pepper *1pinch*
Lemon Zest *1/4ea*, chopped
Cream *1/4cups*

Apricot Mousseline

Dried Apricot *1cups*
Fresh Apricot *3cups*
Sugar *1/3cups*
Salt *1T*
Lemon Juice *some*

Pickled Mushroom

Mushroom *1ea*
White Balsamic Vinegar *45ml*
Salt *1/2t*

Sponge Cake

Egg White *250g*
Egg Yolk *160g*
Sugar *185g*
Olive Oil *30ml*
Almond Flour *50g*
Vanilla Bean *1ea*
Flour *155g*

Pineapple Foam

Pineapple Juice *2cups*
Lecithin Powder *3g*
Salt *1t*

Bell Pepper Gel

Red Bell Pepper Juice *4cups*
Sugar *1/4cups*
Agar—agar *10g*
Salt *1t*

Watercress Puree

Watercress *3bunch*
Olive Oil *1/3cups*
Salt *1t*
Xanthan Gum *2t*
Ice Cube *2ea*

Braising Red Chard

Red Chard *3stem*
Butter *20g*
Chicken Stock *30ml*
Salt *1/2t*
Lemon Juice *10ml*

To Finish

Poached Truffle Mero *150g*
Apricot Mousseline *50g*
Braising Red Chard *2pcs*
Sponge Cake *some*
Pickled Mushroom *20g*
Pineapple Foam *2T*
Watercress Puree *50g*
Smoked Bell Pepper Coulis *30g*
Kalamata Olive *some*
Salmon Roe *15g*
Lemon Verbena Flower *some*

17

Poached Truffle Mero with Apricot Mousseline, Braising Red Chard Sponge Cake Pickled Mushroom Pineapple Foam

살구 무슬린과 브레이징 적근대, 스폰지 케이크, 피클 버섯 그리고 파인애플 폼을 곁들인 송로버섯의 메로 생선 요리

메로는 손질하여 소금과 후추로 간을 하고, 송로버섯은 얇게 썰어 준비한다. 준비된 생선 위에 메로 무스를 얇게 펴 바른 뒤 송로버섯을 가지런히 겹쳐 놓는다. 스팀 오븐에 90℃로 10~12분간 조리하여 낸다.

Mero Mousse

메로를 1cm 크기로 썰어 준비한다. 믹서에 달걀, 소금, 크림, 카이엔페퍼, 레몬 제스트를 넣고 곱게 갈아준다.

Apricot Mousseline

건살구는 부드러워질 때까지 물에 불려 물기를 제거하고, 얇게 자른다. 팬에 건살구를 넣고 천천히 볶다가 살구와 설탕, 소금, 레몬주스를 넣고 부드러워질 때까지 조리한다. 믹서에 곱게 갈아 고운 체에 내려 사용한다.

Sponge Cake

믹싱볼에 모든 재료를 넣고 잘 혼합한다. 종이컵을 준비하여 컵 밑에 여러 군데 칼집을 넣어준다. 반죽을 컵에 1/3 분량만 부은 뒤 전자레인지에 50초간 조리한다. 컵에서 빼내어 적당한 크기로 썰어 사용한다.

Pickled Mushroom

소스팬에 화이트 발사믹 식초와 소금을 넣고 한 번 끓여준 뒤, 깨끗이 손질하여 준비한 버섯을 넣고 잘 섞는다. 얼음물에 식혀 사용한다.

Pineapple Foam

파인애플주스에 레시틴, 소금을 넣고 잘 혼합한다. 요리를 낼 때는 핸드믹서로 거품을 만들어 사용한다.

Bell Pepper Gel

빨간 파프리카를 손질하여 주스를 만든다. 소스팬에 파프리카 주스와 설탕, 한천, 소금을 넣고 잘 혼합하여 약불에 조리한다. 농도가 완성되면 얼음물에 식힌 뒤 사용한다.

Watercress Puree

물냉이는 손질하여 끓는 물에 약간의 소금을 넣고 5분간 삶아 얼음물에 식힌다. 물기를 제거하고 믹서에 곱게 갈다가 소금, 얼음, 잔탄검을 넣고 농도를 보며 갈아준다.

Braising Red Chard

적근대는 손질하여 준비한다. 팬에 버터를 넣고 적근대를 볶다가 닭육수, 소금, 레몬주스를 함께 넣어 볶는다.

To Finish

준비된 접시에 먼저 살구 무슬린을 바르고 생선을 놓는다. 주위에 적근대, 피클 버섯, 스폰지 케이크, 물냉이 퓌레, 파프리카 소스, 올리브, 연어알을 조화롭게 담는다. 파인애플 폼으로 마무리한다.

Ingredient 재료

Roasted Beef Tenderloin
Espresso Powder Cajun Spice

Onion Powder *1kg*
Garlic Powder *240g*
Paprika Powder *240g*
Rosemary Dry *80g*
Thyme Whole Dry *90g*
Anise Seed Whole *400g*
White Pepper Ground *50g*
Cinnamon Powder *20g*
Cayenne Pepper *120g*
Salt *130g*
Cajun Spice *20g*
Espresso Powder *10g*
Rosemary *5g*, chopped
Thyme *5g*, chopped
Parsley *5g*, chopped

Pumpkin Puree

Pumpkin *1,000g*
Cream *500㎖*
Milk *1,000㎖*
Salt *2t*
Sugar *1t*
Butter *50g*

Potato Pumpkin Galette

Potato *700g*
Pumpkin *400g*
Egg Yolk *100g*
Egg Whole *50g*
Flour *205g*
Salt *3t*
Pepper *1t*
Nutmeg *2pinch*

Green Herb Crumbs

Parsley *1bunch*
Spring Thyme *1bunch*
Spring Rosemary *1bunch*
Spring Basil *1bunch*
Bread Crumbs *100g*
Salt *1T*
Pepper *1t*

Pickled Beetroot

White Balsamic
Vinegar *1cups*
Sugar *1cups*
Salt *1/4cups*
Beetroot *1ea*

Kalamata Meuniere Sauce
—Beef Jus

Beef Bone,
cut into pcs *10kg*
Beef Meat, cut into pcs *5kg*
Onion *4ea*, sliced
Carrot *2ea*, diced
Leek *2ea*, diced
Celery Root *2ea*, diced
Tomato Paste *60g*
Red Wine *4cups*
Spring Thyme *10bunch*
Black Peppercorn *20pcs*
Bay Leaf *2pcs*
Salad Oil *1/4cups*
Chicken Stock *20 ℓ*

Butter *100g*
Beef Jus *100㎖*
Shallot *10g*
Kalamata Olive *10g*
Parsley *5g*
White Pepper Ground *3g*
Salt *1t*

Dry Cherry Tomato

Cherry Tomato *2ea*
Olive Oil *15㎖*
Salt *1/2t*
Sugar *1/4t*
Spring Thyme *1bunch*
Spring Basil *1bunch*
Pepper *some*

To Finish

Roasted Beef
Tenderloin *160g*
Pumpkin Puree *60g*
Green Herb Crumbs *20g*
Kalamata Meuniere
Sauce *30g*
Brussel Sprout *1pcs*
Potato Pumpkin
Galette *1pcs*
Pickled Beetroot *3pcs*
Flower *some*
Dry Cherry Tomato *3pcs*
Amaranth Leaf *some*

18

Roasted Beef Tenderloin with Pumpkin Puree Potato Pumpkin Galette Green Herb Crumbs Kalamata Meuniere Sauce

단호박 퓨레, 감자 호박 갈레테, 그린 허브 크럼블을 곁들인 올리브 뮈니에르 소스의 구운 쇠안심 스테이크

Roasted Beef Tenderloin
Espresso Powder Cajun Spice

준비한 재료들을 가루와 씨앗 및 건조 허브로 나누고, 씨앗 및 건조 허브는 곱게 간다. 가루로 된 재료와 갈은 씨앗과 건조 허브를 잘 섞어서 준비한다. 쇠 안심을 잘 손질한 뒤 반으로 갈라 랩으로 단단히 말고 하루 동안 보관하여 모양을 잡는다. 그 후 랩을 풀고 커피 양념을 하여 역시 냉장고에 하루 동안 보관한다. 80℃로 예열된 오븐에 온도계를 꼽고 안쪽 온도를 53℃로 설정해서 굽는다.

Pumpkin Puree

단호박을 껍질과 씨를 제거한 후 얇게 자른다. 준비된 크림과 우유, 버터, 소금과 설탕으로 간을 한 뒤 호박을 넣고 부드러워질 때까지 조리한다. 믹서에 곱게 갈아 낸다.

Potato Pumpkin Galette

감자와 단호박은 껍질과 씨를 제거한 뒤 깍둑썰기하고, 소금물에 뭉근하게 삶은 뒤 건져내 곱게 으깬다. 으깬 재료를 약간 식혀 달걀노른자, 계란, 밀가루, 넛메그, 소금, 후추를 넣고 간을 하면서 잘 반죽한다. 틀에 넣은 뒤 90℃로 예열된 오븐에 30분 정도 굽고, 조리가 끝나면 잘 식혀 적당한 크기로 자른다. 요리를 낼 때는 오일을 두르고 팬에서 앞뒤로 노릇하게 색을 내어 제공한다.

Green Herb Crumbs

허브는 잎만 손질하여 깨끗이 씻어 물기를 제거한다. 믹서에 넣고 빵가루와 함께 곱게 갈아준다. 소금, 후추로 간을 하여 사용한다.

Kalamata Meuniere Sauce
Beef Jus

오븐을 180℃로 예열하여 준비한다. 쇠뼈와 고기를 2개의 시트에 깔아 오븐에서 45분~1시간 정도 갈색으로 굽는다. 팬에 오일을 두르고 양파, 당근, 셀러리, 대파, 셀러리악을 갈색으로 볶다가 토마토 페이스트를 넣고 5분간 더 볶아준다. 여기에 준비한 레드 와인을 넣고 시럽 농도가 될 때까지 졸인다. 타임, 월계수잎, 후추, 구운 쇠뼈와 고기, 닭육수를 넣어 5~6시간가량 약불에서 은근히 끓인다. 준비된 육수는 고운 체에 내려 졸이고, 소스에 소금간을 한다. 미리 예열된 팬에 버터를 넣고 브라운 버터를 만든다. 팬을 불에서 내린 뒤 가지고 있던 열로 곱게 다진 샬롯을 볶아준다. 샬롯이 잘 볶아지면 미리 준비한 비프 소스와 곱게 다진 칼라마타 올리브를 넣고 한소끔 끓인다. 밑간을 한 뒤, 마지막에 곱게 다진 파슬리를 넣는다.

Pickled Beetroot

비트는 껍질을 벗기고 2mm 두께로 얇게 자른 뒤 원형 틀로 찍어 준비한다. 화이트 발사믹 식초, 소금, 설탕을 잘 혼합한 물에 3시간 이상 비트를 담가두었다가 사용한다.

Dry Cherry Tomato

깨끗이 씻은 방울토마토를 4등분하여 실리콘 패드에 가지런히 놓고 올리브 오일, 바질, 타임, 소금, 후추, 설탕을 뿌린다. 60℃로 예열된 식품 건조기에서 12시간 정도 건조시켜 사용한다.

To Finish

준비된 접시에 허브 빵가루를 놓고 그 위에 고기를 놓는다. 호박 퓨레를 접시에 바르고 미니양배추, 비트 피클, 말린 토마토, 꽃, 항암초를 가지런히 담아 올리브 소스를 곁들인다.

Ingredient 재료

Roasted Lamb Loin

Lamb Loin *1Portion*
Salt *1t*
Black Pepper *1t*, crushed
Canola Oil *15㎖*

Dry Cherry Tomato

Cherry Tomato *2ea*
Olive Oil *15㎖*
Salt *1/2t*
Suger *1/4t*

Herb Crust

Bread Crumb *100g*
Parsley *20g*
Thyme *5g*
Rosemary *5g*
Olive Chop *5g*, dried
Sun Dried Tomato Chop *5g*
Egg Yolk *10g*
Butter *20g*
Salt *1t*
White Pepper Ground *1/2t*

Romaine Potato Gnocchi

Romaine *100g*
Potato *1,100g*
Egg Yolk *100g*
Egg Whole *50g*
Flour *205g*
Salt *3t*
White Pepper Ground *1t*
Nutmeg *1/2t*
Butter *30g*

Squash Puree

Squash *1,000g*
Cream *500mℓ*
Milk *1,000mℓ*
Salt *2t*
Sugar *1t*
Butter *50g*

Sauteed Mushroom

Eryngii Mushroom *1Portion*
Salt *1/2t*
Pepper *1/5t*
Butter *20g*
Olive Oil *10mℓ*

Lamb Jus

Lamb Bone, cut into pcs *10kg*
Lamb Meat, cut into pcs *5kg*
Onion *4ea*, sliced
Carrot *2ea*, diced
Leek *2ea*, diced
Celery Root *2ea*, diced
Tomato Paste *1/2cups*
Red Wine *4cups*
Spring Thyme *10bunch*
Black Peppercorn *20pcs*
Bay Leaf *2pcs*
Salad Oil *1/4cups*
Chicken Stock *20 ℓ*

To Finish

Lamb Loin *160g*
Herb Crust *40g*
Potato Gnocchi *2pcs*
Sauteed Mushroom *2pcs*
Pumpkin Puree *60g*
Dry Cherry Tomato *3pcs*
Lamb Jus *some*

19

Roasted Herb Crusted Lamb Loin with Romain Potato Gnocchi Sauteed Mushroom Squash Puree Cherry Lamb Jus

로메인 감자 뇨끼, 버섯볶음, 단호박 퓨레와 체리를 곁들인 양고기 소스의 구운 허브 크러스트 양고기 구이

Roasted Lamb Loin

손질된 양고기 안심을 준비하여 소금과 후추, 카놀라 오일로 밑간을
한다. 달궈진 팬에 표면을 잘 구운 뒤 80℃로 예열된 오븐에 온도계
바늘을 꽂아 안쪽 온도를 57℃로 굽는다.

Dry Cherry Tomato

깨끗이 씻은 방울토마토를 4등분하여 실리콘 패드에 가지런히 놓는다.
올리브 오일, 소금, 설탕을 흩뿌린다. 60℃로 예열된 식품 건조기에 12
시간 건조시킨다.

Herb Crust

곱게 다져 건조시킨 올리브를 준비한다. 버터를 머랭 치듯이 쳐올려 곱
게 다진 파슬리, 타임, 로즈마리, 말린 토마토, 달걀노른자, 소금, 후추
를 넣고 잘 혼합하여 사용한다.

Romain Potato Gnocchit

로메인 상추를 소금물에 데쳐 얼음물에 식힌다. 도마에 로메인 상추를
놓고 냅킨을 덮어 평평하게 두드려 펴 준비한다. 감자는 깨끗이 씻어
껍질을 제거하고, 4등분한 뒤 소금물에 뭉근하게 삶아 잘 으깬 뒤 한
김 식힌다. 으깬 감자에 달걀노른자, 계란, 밀가루, 소금, 후추, 넛메그
를 넣고 잘 반죽한다. 준비한 로메인 상추를 랩 위에 가지런히 깔고 위
에 반죽한 감자를 짠다. 단단히 잘 말아 양쪽 끝을 잘 묶은 뒤, 90℃
로 예열된 오븐에 30분간 찐다. 얼음물에 바로 식혀 길이로 잘 자른 뒤
스팀으로 데워서 낸다.

Squash Puree

단호박은 껍질과 씨를 제거하여 깍둑썰기 한다. 준비된 크림과 우유
에 소금과 설탕으로 간을 한 뒤 호박을 넣고 삶는다. 부드럽게 다 익
으면 곱게 간 뒤, 간을 한다.

Sauteed Mushroom

새송이 버섯을 2등분해서 윗부분은 길이로 4등분하고 아래는 동그랗게 썬다. 준비한 버섯에 벌집처럼 칼집을 넣는다. 살짝 달궈진 팬에 버터와 올리브 오일을 넣고 밑간을 하면서 갈색이 나도록 조리한다.

Lamb Jus

오븐을 180℃로 예열하여 준비한다. 양뼈와 고기를 2개의 시트에 깔고 오븐에서 45분~1시간 정도 갈색으로 굽는다. 오일을 넣고 양파, 당근, 셀러리, 대파, 셀러리악을 넣고 황금색으로 볶다가 토마토 페이스트를 넣고 5분 동안 볶아준다. 준비한 레드 와인을 넣고 시럽 농도가 되도록 졸인다. 타임, 월계수잎, 후추, 구운 쇠뼈와 고기, 닭육수를 넣어 5~6시간 약불에서 은근히 끓인다. 준비된 육수를 고운 체에 내린 후 졸이고, 졸인 소스에 소금간을 한다.

To Finish

접시에 호박 퓨레를 바르고 양고기와 감자 뇨끼를 가지런히 놓는다. 양고기 위에는 허브 크럼블을 뿌려준다. 버섯과 말린 토마토, 적시소잎을 곁들이고 양고기 소스를 뿌려 낸다.

20

*Slow Cook Beef Tenderloin
with Artichoke Mousseline
Potato Terrine Black Pepper Crumbs
and Horseradish Panna Cotta*

감자 테린과 아티초크 무슬린, 와사비 파나코타와 저온에서 익힌 쇠안심 스테이크

Ingredient 재료

Slow Cook Beef Tenderloin

Beef Tenderloin *1ea*
Salt *1T*
Olive Oil *30㎖*
Thyme *1bunch*
Garlic *2cloves*, crushed
Butter *150g*

Artichoke Mousseline

Artichoke *3cups*
Onion *1/2ea*, sliced
Cream *1/2cups*
Butter *40g*
White Wine *1/4cups*
Salt *1t*

Black Pepper Crumbs

Flour *3/4cups*
Sugar *1/2cups*
Egg Yolk *60g*
Butter *1/2cups*
Black Pepper *1T*
Baking Powder *1/4cups*
Salt *1t*

Horseradish Panna Cotta

Cream *370ml*
Horseradish *30g*
Sour Cream *100g*
Sheet Gelatin *3pcs*
Salt *some*
Pepper *some*
Lemon Juice *5ml*

Crispy Cheese Chips

Water *70ml*
Olive Oil *80ml*
Flour *20g*
Parmesan Cheese *20g*

Potato Terrine

Potato *5ea*
Parmesan Cheese *50g*
Salt *some*
Pepper *some*

Confit Tomato

Small Tomato *5ea*
Olive Oil *15ml*
Spring Thyme *1bunch*
Fresh Basil *1bunch*
Slice Garlic *1pcs*
Sugar *1T*
Salt *some*
Pepper *some*

To Finish

Slow Cook Beef
Tenderloin *180g*
Artichoke Mousseline *30g*
Potato Terrine *1ea*
Black Pepper Crumbs *10g*
Artichoke Panna Cotta *1ea*
Artichoke *3pcs*
Confit Tomato *5pcs*
Pink Peppercorn *1t*
Thyme *some*, chopped
Crispy Cheese Chips *1pcs*
Fresh Sugar Pea Leaf *some*

Method 만드는 방법

Slow Cook Beef Tenderloin

안심은 손질한 후 마늘, 타임, 올리브 오일, 소금, 후추를 골고루 묻혀 진공 팩에 넣는다. 수비드 머신에 64℃로 85분간 조리하여 얼음물에 식혀준다. 팬에 버터와 마늘을 넣고 고기와 함께 색을 내어 제공한다.

Artichoke Mousseline

냄비에 버터, 양파를 넣고 볶다가 와인을 붓고 알코올을 날려준다. 여기에 아티초크를 넣고 볶은 다음 크림을 넣어 부드러워질 때까지 익힌다. 믹서에 넣고 곱게 갈아준다.

Black Pepper Crumbs

오븐을 130℃로 예열하여 준비하고 통후추는 잘게 으깨어 놓는다. 믹싱볼에 설탕, 달걀, 버터, 후추, 소금, 베이킹파우더를 잘 혼합하여 오븐에서 20~30분간 굽는다. 실온에서 식힌 뒤 적당한 크기로 으깨어 사용한다.

Horseradish Panna Cotta

냄비에 크림을 살짝 졸이고 홀스래디시, 사워크림, 젤라틴, 소금, 후추, 레몬주스를 넣고 혼합한다. 얼음물에 식힌 뒤 굳기 전에 원형 틀에 부어 냉장에서 완전히 굳힌다. 틀에서 빼내어 사용한다.

Crispy Cheese Chips

믹싱볼에 물, 올리브 오일, 밀가루, 치즈를 넣고 골고루 섞는다. 쿠팅팬에 반죽을 한 스푼 넣고 약불에서 크리스피하게 완성한다. 실온에 보관하여 제공한다.

Potato Terrine

감자는 껍질을 벗기고 슬라이서를 이용해 2mm 두께로 자른다. 사각 틀을 준비하고 감자를 겹겹이 붙여 파르메산 치즈 가루와 소금, 후추를 골고루 뿌려준다. 똑같은 방식으로 3cm 두께 이상의 감자를 만든다. 완성된 감자 테린을 진공 팩에 넣어 스팀 오븐에 90℃로 60분간 조리한다. 얼음물에 식힌 뒤 적당한 크기로 잘라 달군 팬에서 갈색으로 색을 내어 제공한다.

Confit Tomato

토마토는 반으로 자른 뒤 올리브 오일, 바질, 타임, 마늘, 설탕, 소금, 후추를 토마토 위에 골고루 뿌려준다. 70℃의 오븐에서 5시간 이상 말린다.

To Finish

접시에 아티초크 무슬린을 바르고 그 위에 안심을 놓는다. 옆에 감자 테린과 아티초크 파나코타를 놓는다. 안심 위에 흑후추 크럼블과 허브, 핑크 후추를 가지런히 놓고 가니쉬로 토마토, 아티초크, 치즈 크리스피, 슈가피순을 놓는다.

Ingredient 재료

Slow Cook Salmon

Salmon Fillet *500g*
Shallot *1ea*, sliced
Pornod Wine *30㎖*
Lemon Juice *15㎖*
Extra-virgin Olive Oil *15㎖*
Salt *1t*

Lemon Beurre Blanc

Lemon Juice *1/2cups*
Shallot *1/2ea*, thinly sliced
White Wine *1/4cups*
Cream *1/4cups*
Cold Butter *some*
Salt *1T*

Compress Melon

Melon Juice *1/2cups*
Melon *1ea*

Glazed Beetroot

Beetroot *1ea*
Beetroot Juice *45㎖*
Butter *20g*
Salt *1t*

Fennel Foam

Fennel *350㎖*
Onion *2pc*
Chicken Stock *400㎖*
Gelatin *2pc*
Fresh Cream *250㎖*
Pernod *25㎖*
White Wine *30㎖*
Potato *2pc*
Fennel Seed *3g*
Butter *50g*

To Finish

Slow Cook Salmon *3pcs*
Compress Melon *5pcs*
Glazed Beetroot *3pcs*
Shaved Celery *some*
Radish *some*, thinly sliced
Fresh Dill *some*
Salmon Roe *20g*
Shallot *some*, thinly sliced
Caper *some*
Lemon Beurre Blanc *30g*
Fennel Foam *2T*

21

Slow Cook Salmon with Lemon Beurre Blanc Compress Melon Glazed Beetroot Raidsh Celery and Fennel Foam

멜론, 비트, 레몬 뵈르 블랑 소스 그리고 펜넬 향의 폼을 곁들인 연어 샐러드

Method 만드는 방법

Slow Cook Salmon

연어는 손질하고 샬롯, 와인, 레몬주스, 올리브 오일, 소금을 골고루 뿌려 30분간 마리네이드한다. 스팀 오븐에서 75℃로 7분간 조리하여 실온에서 식힌 뒤 연어의 결대로 잘 벗겨내어 사용한다.

Lemon Beurre Blanc

소스팬에 샬롯, 와인을 넣고 1/3 정도 졸인다. 레몬주스를 넣고 1/3가량 다시 졸이고, 여기에 크림을 붓고 다시 1/3 졸여준다. 불을 줄이고 약불에서 버터를 조금씩 넣어가며 소스를 완성한다. 소금간을 하고 고운 체에 거른 뒤 실온에서 보관, 사용한다.

Compress Melon

멜론은 껍질을 제거하고 2mm 두께로 얇게 자른다. 진공 팩에 멜론과 멜론주스를 넣고 봉하여 하루 동안 냉장고에 보관한 후 돌돌 말아서 사용한다.

Glazed Beetroot

삶은 비트는 원형 틀을 이용해 찍어 준비한다. 소스팬에 비트를 넣고 버터, 비트주스와 함께 살짝 졸여 윤기를 낸 뒤 소금간을 한다.

Fennel Foam

팬에 버터, 양파, 감자, 펜넬을 넣고 볶아준다. 와인 두 가지를 순서대로 넣은 뒤 끓여 알코올을 날려준다. 닭육수를 넣고 반으로 졸인 뒤 크림을 넣고 다시 졸이고, 부드러워질 때까지 익힌다. 다 익으면 믹서에 넣고 곱게 갈아 고운 체에 내린다. 젤라틴은 얼음물에서 풀어준 후 물기를 제거하여 따뜻하게 준비된 퓌레에 골고루 섞는다. 완성된 퓌레를 쉐이크 폼에 넣고 사용한다.

To Finish

접시에 연어를 원형으로 돌려 담고, 사이에 멜론, 비트, 셀러리, 래디시, 딜, 케이퍼, 샬롯, 연어알을 가지런히 담아 놓는다. 펜넬 폼을 가운데에 놓고 레몬 버터 소스를 연어 위에 뿌려준다.

PART 4

Dessert

01

Chocolate Basket with Mascapone Cream Chocolate Ganache Cream cup Macarpone

초콜릿 바스켓에 마스카포네 치즈 크림과 초콜릿 컵에
초콜릿 가나슈 크림을 채운 디저트

Ingredient 재료

Chocolate Basket

Dark Chocolate *100g*
White Chocolate *100g*

Mascapone Cream

Mascapone Cheese Cream *100g*
Sugar *20g*
Vanilla Bean some
Fresh Cream *100g*

Chocolate Ganache Cream

Fresh Cream *100g*
Dark Chocolate *100g*
Cocolate cup *1ea*

Hippen Past for Decoration

Butter *50g*
Sugar Powder *50g*
Egg White *50g*
Soft Flour *55g*

Fruit Raspberry Gel

Raspberry Puree *50g*
Sugar *10g*
Gelatin *1g*

Fruit Mango Gel

Mango Puree *50g*
Sugar *10g*
Gelatin *1g*

To Finish

Vanilla Macaroon *1ea*
Apple mint *some*
Chocolate *some*

Chocolate Basket

초콜릿을 템퍼링하여 풍선에 묻혀서 초콜릿 바스켓을 만든다.

Mascapone Cream

치즈, 설탕, 바닐라 빈을 혼합한다. 생크림을 조금씩 넣으면서 크림을 완성
한다.

Chocolate Ganache Cream

끓인 생크림을 초콜릿에 넣고 녹인 다음 식혀서 초콜릿 컵에 채운다.

Hippen Past for Decoration

버터, 가루설탕을 크림화한다. 흰자를 조금씩 혼합하고 밀가루를 섞는다.
실리콘 패드에 길게 짜서 180℃의 오븐에 6~8분간 굽는다.

Fruit Raspberry Gel

산딸기 퓨레와 설탕을 뜨겁게 끓여 젤라틴을 넣고 녹인다.

Fruit Mango Gel

망고 퓨레와 설탕을 뜨겁게 끓여 젤라틴을 넣고 녹인다.

To Finish

초콜릿 바스켓 안에 치즈 크림을 채우고, 초콜릿 컵에 초콜릿 가나슈 크림
을 짜서 채운 뒤 접시에 놓는다. 산딸기 소스와 망고 소스를 모양을 내어
짜주고 마카롱을 올려 장식한다.

Ingredient 재료

Chocolate Brownie

Egg *150g*
Sugar *300g*
Cocoa Powder *26g*
Cake Flour *115g*
Vanilla Essence *12㎖*
Walnut *75g*
Chocolate Drops *100g*

White Chocolate Cream

Fresh Cream *500㎖*
Sugar *200g*
Vanilla Bean *1ea*
White Chocolate *100g*

To Finish

Strawberry *some*
Mint Leaf *some*
Chocolate Stick *some*
Feuilletine *some*
Mandarin Sauce *some*

02

Chocolate Brownie,
White Chocolate Cream

달콤한 초코 브라우니

Method 만드는 방법

Chocolate Brownie

계란과 설탕물을 섞어 거품을 내고 코코아파우더, 중력분, 바닐라 에
센스를 넣는다. 호두와 초코칩을 넣어 사각 틀에 넣고 180℃의 오븐
에서 1시간 정도 굽는다.

White Chocolate Cream

생크림, 설탕, 바닐라 빈을 넣고 저어 휘핑크림을 만든다. 휘핑크림에 초
콜릿을 넣어 섞는다.

To Finish

타원형 접시에 미리 코팅한 3.5×3.5cm 크기의 브라우니를 놓는다. 화
이트 초코 크림을 스푼으로 떠서 타원형으로 올린다. 감귤 소스를 짜서
장식하고 딸기를 놓는다. 마지막으로 초코스틱과 민트로 장식한다.

03

Dark Chocolate Ganache Cream & Raspberry Mascapone Cream with Tuile Sauce

초콜릿 가나슈 크림과 산딸기 마스카포네 크림을 초콜릿 링 시트에 짜서 장식하여 층을 만든 디저트

Ingredient 재료

Dark Chocolate Ganache Cream

Fresh Cream *120㎖*
Corn Syrup *14㎖*
Dark Chocolate *150g*
Brandy *10㎖*

Raspberry Mascapone Cream

Mascapone Cheese Cream *100g*
Sugar *20g*
Vanilla Bean *some*
Fresh Cream *100㎖*
Raspberry Pure *50g*

Hippen Past for Decoration

Butter *50g*
Sugar Powder *50g*
Egg White *50g*
Soft Flour *55g*

Fruit Raspberry Sauce

Raspberry Puree *50g*
Sugar *10g*
Cornstarch *1g*

Fruit Mango Sauce

Mango Puree *50g*
Sugar *10g*
Cornstarch *1g*

Plain Yoghurt Sauce

Plain Yoghurt *50g*

To Finish

Dark Chocolate *some*
Orange *some*
Whipped Cream *some*
Isomal Sugar *some*

Method 만드는 방법

Dark Chocolate Ganache Cream

생크림과 물엿을 끓여서 초콜릿에 넣고 녹인다. 브랜디를 혼합
하여 냉장실에 굳힌다.

Raspberry Mascapone Cream

치즈, 설탕, 바닐라를 섞는다. 생크림을 조금씩 넣으면서 저어 크
림을 완성한다. 마지막으로 퓨레를 혼합한다.

Hippen Past for Decoration

버터와 가루 설탕을 부드럽게 하여 흰자를 조금씩 넣고 혼합한다.
마지막으로 밀가루를 섞어 실리콘 패드에 짜서 굽는다.

Fruit Raspberry Sauce

산딸기 퓨레와 설탕을 뜨겁게 끓여 젤라틴을 넣고 녹인다.

Fruit Mango Sauce

망고 퓨레와 설탕을 뜨겁게 끓여 젤라틴을 넣고 녹인다.

Plain Yoghurt Sauce

부드럽게 저어서 사용한다.

To Finish

초콜릿 링 시트에 두 가지 크림을 짜서 층을 만들어 접시에 놓고
초콜릿, 소스, 과일, 튀일을 곁들여 장식하여 낸다.

04

Ginseng Mousse
Passionfruit Jelly

새콤달콤 인삼 무스 패션프루트 젤리

Ingredient 재료

Ginseng Mousse

Puff Pastry Dough *400g*

Fresh Ginseng *5ea*

Egg Yolk *160g*

Sugar *40g*

White Chocolate *160g*

Glatine *20g*

Fresh Cream *600㎖*

Passionfruit Jelly

Passionfruit Puree *125g*

Sugar *50g*

Water *80㎖*

Gelatine *4g*

To Finish

Dark Chocolate *some*

White Chocolate *some*

Fresh Ginseng *some*

Strawberry *some*

Ginseng Mousse

퍼프 반죽을 1.5cm 정도의 두께로 얇게 밀어서 원형 대에 달팽이 모양으로 말
아 계란을 칠한 후 참깨를 뿌리고 160℃의 오븐에서 30~40분 정도 굽는다.
인삼은 믹서에 갈아놓고 달걀노른자, 설탕은 거품을 낸 후 녹인 화이트 초콜
릿과 휘핑한 생크림, 불린 젤라틴을 따뜻하게 하여 섞는다.

Passionfruit Jelly

패션프루트 퓨레, 설탕물을 넣고 함께 끓여 물에 불린 젤라틴을 넣어준다.

To Finish

원형 접시에 준비한 퍼프 페이스트리에 인삼 무스를 채워 세운다. 초콜릿으로
만든 컵을 놓고 마름모 모양으로 자른 젤리와 딸기를 장식한다.

05

Gran Cru Citrus Tian, Grand Marnier Chocolate Cream, Aveline Sauce

그랑 마니에 초콜릿 크림과 아블린 소스의 그랑 크루 시트러스 티안

Ingredient 재료

Lemon Filling

Lemon Juice *16.5g*
Sugar *3.5g*
Butter *13.5g*
Lemon Zest *0.2g*
Egg *20g*
Sugar *5g*

Aveline Chocolate Sauce

Fresh Cream *20㎖*
Honey *3g*
Corn Syrup *3g*
Water *2㎖*
Sugar *2g*
Guanaja Chocolate 70% *10g*
Gianduja *10g*

Chocolate tian Mix

Fresh Cream *120㎖*
Guanaja Chocolate 70% *120g*
Egg Yolk *40g*
Egg White *80g*
Sugar *40g*

Orange Sauce

Orange Juice *30㎖*
Lemon Juice *7.5㎖*
Sugar *9g*
Vanilla Bean *0.1ea*

Grandmanire Chocolate Cream

Cream *100㎖*
Milk *100㎖*
Vanilla Bean *1/2ea*
Sugar *30g*
Egg Yolk *40g*
Guanaja Chocolate 70% *90g*
Grand Marnier *12g*

To Finish

Fresh Cherry Chocolate depped *some*
Chocolate *some*

Lemon Filling

레몬, 설탕, 레몬 껍질, 계란을 끓인다. 버터를 넣고 녹여서 혼합하여 식힌다.

Chocolate Tian Mix

생크림을 끓인 다음 전분을 넣고 다시 끓여서 크림을 만든다. 초콜릿에 크림을 넣고 녹이고, 달걀노른자를 넣어 섞는다. 마지막으로 머랭을 혼합하여 틀에 반죽을 채우고 중앙에 레몬 크림을 짜서 장식한다.

Grand Marnier Chocolate Cream

생크림, 우유, 바닐라 빈을 끓인다. 설탕, 노른자를 섞어 끓인 크림을 넣고 다시 끓여서 걸쭉한 상태가 되면 초콜릿을 넣고 녹인다. 마지막으로 그랑 마니에를 혼합하여 냉장실에 굳힌다.

Aveline Chocolate Sauce

생크림, 꿀, 물, 설탕을 끓인다. 전분을 넣고 다시 끓여서 초콜릿과 잔듀아를 혼합하여 녹인다.

Orange Sauce

모든 재료를 넣고 끓인다. 농도를 조절하기 위해 오래 끓인다.

To Finish

소스를 접시에 발라 장식하고 초콜릿 티안을 놓은 뒤 체리와 초콜릿으로 장식을 더한다.

Ingredient 재료

Green Tea Panacotta

Fresh Cream *150㎖*
Sugar *15g*
Vanilla Bean *some*
Amaretto *12g*
Green Tea Powder *some*

Persimmon soup

Persimmon Puree *62g*
Sugar Syrup *50㎖*
Champagne *10g*

Almond Tuille

Almond Past California *16.5g*
Egg White *6g*
Medium Flour *6g*
Icing Sugar *8.5g*
Egg White *6g*

To Finish

Macaroon *some*
Fruit *some*
Apple Mint *some*
Food Flower *some*
Angel Hair *some*

06

Green Tea Panacotta
with Persimmon Sauce Fresh Fruit
Macaroon Black Sesame Tuile

홍시 소스에 올린 녹차 파나코타와 과일, 마카롱을 곁들인 디저트

Method 만드는 방법

Green Tea Panacotta

생크림, 설탕, 바닐라 빈을 끓인 뒤 녹차 가루를 넣어서 녹인다. 아마레토를 섞고 틀에 반죽을 채워 얼린다.

Persimmon Soup

홍시 퓨레와 시럽을 섞어 85℃의 온도로 뜨겁게 데운 뒤 식혀 샴페인을 혼합한다.

Almond Tuile

아몬드 페이스트를 부드럽게 하고 달걀흰자, 밀가루, 가루 설탕을 섞는다. 나머지 흰자를 혼합하여 실리콘 패드
에 길게 싸서 참깨를 뿌리고 180℃의 오븐에서 6~8분간 굽는다.

To Finish

접시 중앙에 녹차 파나코타를 놓고 홍시 소스를 부어 채운다. 과일, 민트, 꽃, 튀일, 마카롱을 장식한다.

07

Green Tea Parfait Hallabong Jelly
Green Tea Meringue Mango Sauce
Hazelnut Sugar Stick

한라봉 젤리, 녹차 머랭, 망고 소스를 더한 녹차 파르페

Ingredient 재료

Almond Daquaise

Egg White *84g*
Sugar *28g*
Sugar Powder *75g*
Almond Powder *75g*

Green Tea Meringue

Egg White *50g*
Sugar *50g*
Sugar Powder *25g*
Green Tea Powder *some*

Green Tea Parfait

Sugar *55g*
Water *20㎖*
Egg Yolk *70g*
Green Tea Powder *some*
Gelatine *2.5g*
Whipped Cream *250g*

To Finish

Raspberry Sauce *some*
Mango Sauce *some*
Yoghurt Sauce *some*
Raspberry *some*
Food Flower *some*
Chocolate *some*

Hallabong Jelly

Hallabong Juice *100g*
Water *100㎖*
Sugar *30g*
Vanilla Stick *0.5pcs*
Gelatine *5g*

Method 만드는 방법

Almond Daquaise

달걀흰자와 설탕을 거품 내어 머랭을 만든다. 가루 설탕과 아몬드 파우더를 체로
걸러 혼합하고, 철판에 종이를 깔고 채워서 180℃의 오븐에서 20분 정도 굽는다.

Green Tea Parfait

물과 설탕을 끓이고 달걀노른자는 거품을 내어 섞는다. 젤라틴과 녹차 가루를 녹여
서 혼합한다. 휘핑크림을 섞는다.

Hallabong Jelly

한라봉 주스, 물, 설탕, 바닐라를 섞어 85℃의 온도로 뜨겁게 데운다. 물에 불린 젤라틴을 넣고 녹여, 철판에 비닐을 깔고 얇게 채워서 얼린다.

Green Tea Meringue

달걀흰자와 설탕을 거품 내어 가루 설탕과 녹차 가루를 혼합한다. 종이 위에 가늘게 짜서 90℃의 오븐에서 건조될 때까지 굽는다.

To Finish

접시에 초콜릿 링을 먼저 붙이고 녹차 파르페를 놓는다. 소스와 산딸기를 올리고 꽃을 장식한다.

Ingredient 재료

White Chocolate 210g

Milk 165㎖

Gelatin 5.4g

Whipped Cream 225g

Raspberry Sherbet
  Water 79.2㎖
  Raspberry Puree 200g
  Lemon Juice 8.2㎖
  Fructosa 2g
  Glucose 24g
  Trimoline 14g

Raspberry Fruit Jelly
  Raspberry Puree 50g
  Sugar 12.5g
  Gelatin 1g

To Finish
  Raspberry some
  Chocolate some
  Orange Julienne some

08

White Chocolate Dom Mousse
with Raspberry Sherbet
Raspberry Sauce

산딸기 셔벗과 산딸기 소스의 화이트 초콜릿 돔 무스

White Chocolate Dom Mousse

우유를 끓여서 화이트 초콜릿에 넣고 녹인다. 물에 불린 젤라틴을 혼합하여
녹이고, 휘핑크림을 섞는다.

Raspberry Sherbet

모든 재료를 혼합하여 85℃ 정도로 데운다. 식혀서 아이스크림 기계에 넣
고 저으면서 냉각시킨다.

Raspberry Fruit Jelly

산딸기 퓨레와 설탕을 혼합하여 85℃ 정도로 데운다. 물에 불린 젤라틴을 섞어 녹인다.

To Finish

화이트 초콜릿 돔 무스를 접시에 놓고 산딸기 소스를 발라 장식한다. 산딸기 젤리와 셔벗을 곁들여서 마무리한다.

Ingredient 재료

Lemon Cheese Cake

Cream Cheese *100g*
Sugar *40g*
Egg Yolk *16g*
Lemonello Liqueur *17.5g*
Lemon Juice *8.5㎖*
Gelatine *3g*
Fresh Cream *125㎖*
Sponge *some*

Fruit Raspberry(Mango) Jelly

Raspberry(Mango) Puree *some*
Sugar *some*
Gelatin *some*

To Finish

Chocolate *some*
Raspberry *some*
Bluberry *some*

Lemon Cream Cheese Cake
Fruit Jelly Fruit Sauce

과일 젤리와 소스를 곁들인 레몬 크림 치즈케이크

Method 만드는 방법

Lemon Cheese Cake

치즈를 부드럽게 한다. 설탕은 물에 끓여서 거품을 낸 달걀노른자,
치즈와 섞는다. 레몬 리큐르와 레몬주스를 넣고 녹인 젤라틴을 섞은
뒤 마지막으로 휘핑크림을 혼합한다. 틀에 스펀지를 깔고 반죽을 채
워 냉동실에 얼린다.

Fruit Raspberry(Mango) Jelly

과일 퓨레와 설탕을 혼합하여 85℃ 정도로 데운다. 물에 불린 젤
라틴을 섞어 녹인다.

To Finish

레몬 크림 치즈케이크를 접시에 놓고 초콜릿, 과일 젤리와 소스를
장식하여 낸다.

10

*Mille Feuille of Dark Chocolate Mousse
Mascapone Cream Macaron*

초콜릿 무스와 마스카포네 크림의 밀푀유

Ingredient 재료

Chocolate Feuilletine

    Feuilletine *72g*

    Milk Chocolate *62g*

    Hazelnut Praline *36g*

Dark Chocolate Mousse

    Fesh Cream *50㎖*

    Dark Chocolate *100g*

    Whipped Fresh Cream *100g*

Mascapone Cream

    Mascapone Cheese Cream *100g*

    Sugar *20g*

    Vanilla Bean *some*

    Fresh Cream *100㎖*

Mango Sauce

    Mango Puree *50g*

    Sugar *10g*

    Gelatin *1g*

To Finish

    Raspberry Macaron *some*

    Cherry *some*

    Orange *some*

    Blueberry *some*

    Apple Mint *some*

    Food Flower *some*

    Angel Hair *some*

    Dark Chocolate Sheet *some*

Chocolate Feuilletine

밀크 초콜릿과 헤이즐넛 프랄린을 녹이고 푀이예틴을 혼합하여 철판에 비
닐을 깔고 얇게 펼친다.

Dark Chocolate Mousse

생크림을 끓여서 초콜릿을 녹인다. 휘핑크림을 혼합하여 하루 정도 냉장실
에서 굳힌다.

Mascapone Cream

치즈, 설탕, 바닐라 빈을 섞는다. 생크림을 조금씩 넣으면서 저어 크림을 완성한다.

Mango Sauce

망고 퓨레와 설탕을 85℃ 정도로 데운 다음 물에 불린 젤라틴을 넣어 녹인다.

To Finish

접시에 초콜릿 푀이예틴을 놓고 초콜릿 무스를 짜 넣는다. 위에 초콜릿 시트를 놓고 마스카포네 크림을 짜서 올린 다음 초콜릿 시트를 덮는다. 망고 소스와 마카롱을 장식하고, 과일과 꽃, 민트를 곁들여 낸다.

11

Mixed Nougat Parfait
Mango Sauce

망고 소스와 견과류 누가 파르페

Ingredient 재료

Nougat Parfait

Sugar *75g*
Egg Yolk *50g*
Water *12ml*
Can Cherries *12g*
Mixed Fruits *50g*
Kirsch *25g*
Almond *25g*, sliced
Pistachio Nut *25g*
Fresh Cream *375ml*

Mango Sauce

Mango Puree *100g*
Sugar *75g*
Water *18ml*
Corn Strach Flour *4g*

To Finish

Raspberry *some*
Pansy *some*
Dark Chocolate *some*

Method 만드는 방법

Nougat Parfait

체리, 건포도, 과일 껍질, 아몬드, 피스타치오 등을 30분~1시간 정도 술에 절인다. 달걀노른자는 거품을 내고 물과 설탕은 121℃까지 끓여서 노른자에 조금씩 부어준다. 생크림은 90% 정도까지 크림화시킨다. 끓인 물과 설탕과 노른자를 얼음물에 중탕하여 완전히 식힌 후 크림과 함께 섞어 타원형 틀에 넣고 냉동고에서 굳힌다.

Mango Sauce

망고 퓨레, 설탕, 물늘 섞이 끓인디. 전분을 넣어서 다시 한 번 끓여준다.

To Finish

접시에 망고 소스를 바르고 그 위에 파르페를 올린다. 다크 초콜릿, 산딸기, 팬지꽃으로 장식한다.

12

Pavarova Fruit Raspberry Ice Cream Mango sauce

이탈리아 머랭 과일 타르트

Ingredient 재료

Meringue

Sugar *78g*
Water *24㎖*
Egg White *32g*
Sugar *98g*

Mango Sauce

Mango Puree *100g*
Sugar *75g*
Water *18㎖*
Corn Strach Flour *4g*

Raspberry Ice Cream

Milk *170㎖*
Fresh Cream *160㎖*
Glucose *18g*
Sugar *90g*
Egg Yolk *105g*
Vanilla Bean *1/4ea*
Milk Powder *30g*
Raspberry Puree *100g*

To Finish

Isomalt *some*
Kiwi, Strawberry, Orange *some*
Mint Leaf *some*

Meringue

설탕물을 118℃까지 끓인다. 흰자와 설탕은 거품을 낸 후 천천히 시럽을 넣어 이 탈리안 머랭을 만든다. 머랭은 동그란 모양으로 짜서 60℃의 오븐에서 2~3시 간 건조시킨다.

Raspberry Ice Cream

생크림과 우유를 끓인다. 설탕, 물엿, 달걀노른자, 밀크 파우더, 바닐라와 혼합하여 크렘블레처럼 만들어서 냉각기에 넣어 아이스크림을 만든다.

Mango Sauce

망고 퓨레, 설탕물을 끓인다. 물과 전분을 희석하여 조금씩 넣으면서 다시 한 번 끓여준다.

To Finish

타원형 접시에 과일이 담긴 머랭을 올려놓는다. 이소말트 꽃장식과 산딸기 아이스 크림을 놓은 후 망고 소스를 접시에 바르고 민트 잎으로 장식하여 마무리한다.

13

Chestnut Mousse

밤 무스

Ingredient 재료

Chestnut Mousse

  Chestnut Puree *500g*

  Kirsch *100g*

  Fresh Cream *500㎖*

To Finish

  Dark Chocolate *some*

  Chestnut *some*

  Pansy *some*

  Raspberry Sauce *some*

  Mango Sauce *some*

Chestnut Mousse

밤 퓨레, 술을 믹서에 넣고 부드럽게 풀어준다. 생크림을 휘핑하여 섞는다.

To Finish

원형 접시에 나뭇잎 모양으로 그림을 그리고 소스를 짜 넣는다. 빗살무늬 모양의 다크 초콜릿에 밤 무스를 토핑하여 중앙에 놓는다. 위와 옆 부분을 밤으로 장식하고, 코코아 파우더를 부수어 장식한다.

Ingredient 재료

Raspberry Cheese

Cream Cheese *200g*
Sugar *80g*
Egg Yolk *32g*
Raspberry Puree *45g*
Vanilla Essence *7g*
Lemon Juice *7㎖*
Fresh Cream *250㎖*

Hallabon Jelly

Hallabon Juice *170㎖*
Sugar *20g*
Gelatine *10g*

Raspberry Jelly

Raspberry Jelly *100g*
Sugar *40g*
Gelatine *6g*

To Finish

White Chocolate *some*
Dark Chocolate *some*
Fz Raspberry *some*

14

Raspberry Cheese Tower
Hallabon Raspberry Jelly

산딸기 크림치즈 무스

Raspberry Cheese

크림치즈를 넣고 설탕을 부드럽게 풀면서 살균한 달걀노른자를 섞는다. 중탕한 산딸기 퓨레를 넣고, 바닐라 에센스와 레몬주스를 넣는다. 생크림을 휘핑하며 섞어준다. 동그란 링에 짜서 모양을 낸 후 굳힌다.

Hallabon Jelly

한라봉주스, 설탕물을 함께 끓이고 물에 불린 젤라틴을 넣어 녹인다. 사각 틀에 부어서 굳힌다.

Raspberry Jelly

산딸기 퓨레, 설탕을 함께 끓이고 물에 불린 젤라틴을 넣어 녹인다. 사각 틀에 부어서 굳힌다.

To Finish

원형 접시에 한라봉 젤리와 산딸기 젤리를 놓고 다크 초콜릿을 세운다. 산딸기 치즈를 올린 후 산딸기를 얹고 삼각형 초콜릿으로 장식한다.

Manjari Chocolate Mousse

Sugar *26g*
Fresh Cream *45㎖*
Egg Yolk *36g*
Manjari Chocolate(64%) *90g*
Whipped Cream *190g*

Raspberry Sherbet

Water *79.2㎖*
Raspberry Puree *200g*
Lemon Juice *8.2㎖*
Frutosa *2g*
Glucose *24g*
Trimoline *14g*

Chocolate Spray

Dark Chocolate *50g*
Cacao Butter *50g*

Raspberry Fruit Gel

Raspberry Puree *50g*
Sugar *12.5g*
Gelatin *1g*

To Finish

Raspberry *some*
Apple Mint *some*
Chocolate Stick *some*

15

Silky Chocolate Mousse
with Raspberry Sherbet Raspberry Sauce

산딸기 셔벗과 산딸기 소스의 실크 초콜릿 무스

Method 만드는 방법

Manjari Chocolate Mousse

설탕을 끓여 캐러멜화한다. 생크림을 넣고 달걀노른자는 거품을 내어
혼합하여, 녹인 초콜릿에 섞는다. 마지막으로 휘핑크림을 혼합하고 틀
에 채워 얼린다.

Raspberry Sherbet

모든 재료를 혼합하여 저으면서 아이스크림 기계로 얼린다.

Chocolate Spray

초콜릿과 카카오를 35~40℃로 녹여서 무스에 분사한다.

Raspberry Fruit Gel

퓨레 설탕을 85℃의 온도로 뜨겁게 데운다. 젤라틴을 넣어서 녹인다.

To Finish

접시에 초콜릿 가나슈를 붓으로 그리고 무스를 놓는다. 초콜릿과 산
딸기 셔벗을 무스 위에 올리고 산딸기와 소스로 장식하여 낸다.

16

Blueberry Creme Brulee
with Raspberry Tuile, Sauce

산딸기 튀일과 소스를 곁들인 블루베리 크렘블레

Ingredient 재료

Creme Brulee
Fresh Cream *250㎖*
Milk *250㎖*
Vanilla Bean *1/4ea*
Egg Yolk *7ea*
Sugar *70g*

Raspberry Fruit Gel
Raspberry Puree *100g*
Sugar *25g*
Gelatine *2g*

Sesame Tuile
Orange Juice *50㎖*
Sugar *100g*
Medium Flour *50g*
Black Sesame *25g*
White Sesame *25g*
Butter *50g*

Raspberry Tuile
Raspberry Puree *80g*
Sugar *100g*
Butter *50g*
Medium Flour *50g*

To Finish
Blueberry *some*
Strawberry *some*
Mint Leaf *some*
Pansy Flower *some*
Lemon Chip *some*

Creme Brulee

냄비에 우유, 생크림, 바닐라 빈을 끓이고 달걀노른자, 설탕을
섞는다. 컵에 반죽을 2/3가량 채워 중탕으로 150℃의 오븐에
20~30분간 굽는다.

Raspberry Fruit Gel

산딸기 퓨레, 설탕을 85℃로 뜨겁게 데워 물에 불린 젤라틴을 혼
합하여 녹인다.

Sesame Tuile

주스와 설탕을 섞고 밀가루와 참깨를 넣는다. 마지막으로 녹인
버터를 혼합한다. 실리콘 패드에 반죽을 채워 180℃의 오븐에
6~8분 굽는다. 원하는 모양의 종이를 오려서 뜨거울 때 모양을
만든다.

Raspberry Tuile

퓨레, 설탕, 밀가루를 혼합하고 녹인 버터를 섞는다. 실리콘 패드
에 종이를 오려서 길게 반죽을 만든 다음 180℃의 오븐에 6~8
분간 굽는다. 젓가락을 대고 돌려 스프링 모양을 만든다.

To Finish

둥근 접시에 크렘블레를 중간에 놓고 뒤에 참깨 과자를 세운다.
크렘블레 위에 레몬 칩을 세워 딸기, 블루베리, 민트, 꽃으로 장
식한다. 파이핑 백을 이용하여 소스를 짜서 마무리한다.

17

Chocolate Brownie,
White Chocolate Mousse, Ginseng Jelly

초콜릿 브라우니, 화이트 초콜릿 무스와 인삼 젤리

Ingredient 재료

Chocolate Brownie

Sugar *290g*
Valrhona Cocoa Powder *25.2g*
Medium Flour *112g*
Butter *183g*
Egg *146g*
Vanilla Essence *10g*
Walnut *85.6g*
Chocolate Drops *84.6g*

Grand Crue Chocolate Mousse

Sugar *34g*
Water *17㎖*
Fresh Cream *59g*
Egg Yolk *47g*
Manjari Chocolate *117g*
Whipped Cream *247g*

White Chocolate Mousse

White Chocolate *210g*
Milk *165㎖*
Gelatin *5.4g*
Whipped Cream *225g*

Ginseng Jelly

Ginseng Juice *250㎖*
Sugar *25g*
Lemon Juice *2.5㎖*
Gelatine *6g*

To Finish

Raspberry Sauce *some*
Raspberry Tuile *some*
Almond Nugatine *some*
Raspberry *some*

Chocolate Brownie

설탕, 밀가루, 코코아를 혼합하고 버터를 녹여서 섞는다. 계란, 바닐라를 더하고 호두와 초콜릿 칩을 혼합한다. 철판에 종이를 깔고 반죽을 채워서 160℃의 오븐에서 30~40분간 구워 식힌다.

Grand Crue Chocolate Mousse

설탕과 물을 끓여 갈색으로 캐러멜화한다. 생크림을 혼합하여 끓인 뒤 거품을 낸 달걀노른자와 섞는다. 녹인 초콜릿과 휘핑크림을 혼합한다. 브라우니 위에 반죽을 채운다.

White Chocolate Mousse

우유를 끓여서 초콜릿을 녹이고, 젤라틴을 넣은 뒤 휘핑크림을 혼합한다. 비닐을 길게 말아서 반죽을 채우고 냉동실에 얼린다.

Ginseng Jelly

인삼주스, 설탕, 레몬을 85℃의 온도로 뜨겁게 데우고, 물에 불린 젤라틴을 넣어 녹인다. 글라스에 채워 냉장실에서 굳힌다.

To Finish

접시에 브라우니를 놓고 그 위에 화이트 초콜릿 무스를 올려 장식한다. 과일 소스와 인삼 젤리를 곁들여 낸다.

Ingredient 재료

Plum Tart

Puff Pastry *200g*
Creme Brulee *100g*
Rohmarzipan *100g*
Plum *1ea*

Caramel Orange Sauce

Sugar *100g*
Orange Juice *100㎖*
Butter *20g*

Mascapone Cream

Mascapone Cheese Cream *250g*
Fresh Cream *250㎖*
Sugar *50g*
Vanilla Bean *1/2ea*

To Finish

Pistachio *some*
Dry Apricot *some*
Raisin *some*
Mint Leaf *some*
Hazelnut *some*
White Chocolate *some*

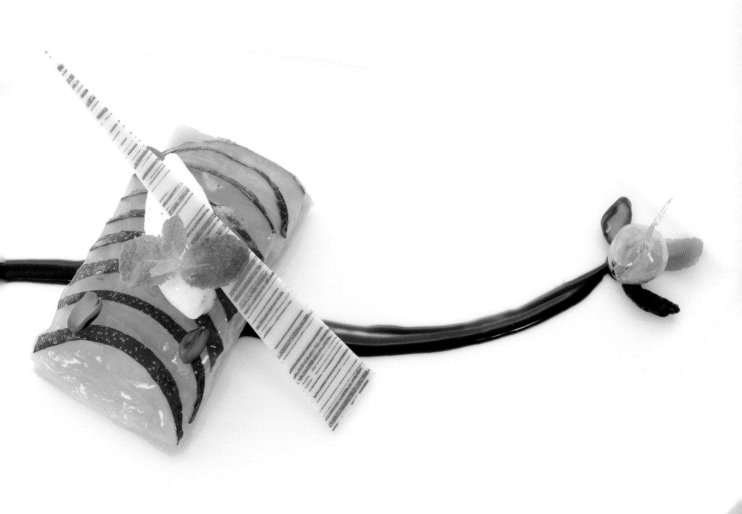

Warm Plum Tart Caramel Sauce
Masapone Cream

마스카포네 크림을 곁들인 자두 타르트

Method 만드는 방법

Plum Tart

퍼프 도우를 길이 60cm, 두께 1.5cm로 밀어서 준비한다. 도우 뒤에 크림을 바른 후 마지팬을 퍼프와 똑같은 방법으로 밀어서 얹는다. 자두를 얇게 썰어서 얹고 150℃의 오븐에 15~30분간 굽는다.

Caramel Orange Sauce

설탕을 냄비에 넣고 끓여 갈색이 나도록 캐러멜화한다. 오렌지주스를 넣으며 농도를 조절하고, 버터를 넣어서 녹여준다.

Mascapone Cream

크림치즈를 부드럽게 하여 설탕, 바닐라 빈을 혼합한다. 생크림을 조금씩 넣어주며 휘핑한다.

To Finish

타원형 접시에 캐러멜 소스를 S자 형태로 짜서 발라주고 그 위에 10×3.5cm 크기의 자두 타르트를 놓는다. 타르트 위에 크림치즈와 민트를 올리고 피스타치오, 살구, 건포도, 헤이즐넛, 화이트 초콜릿으로 장식한다.

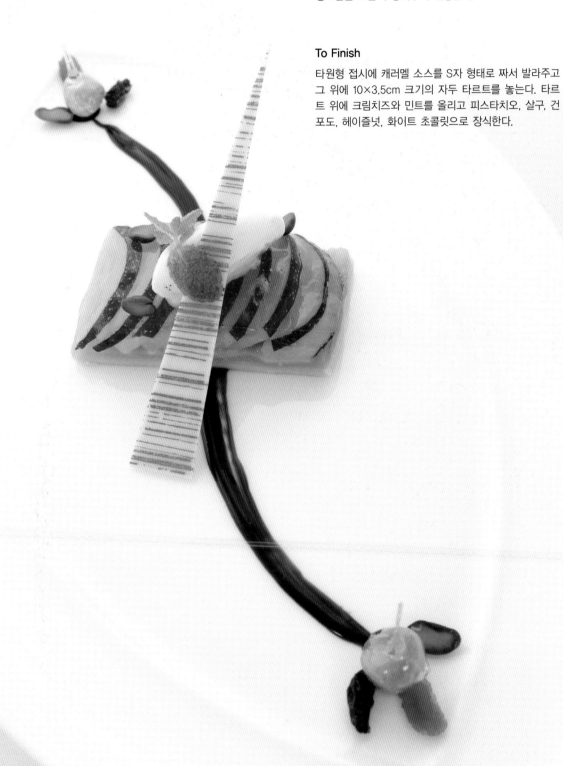

권 희 열

현) 그랜드하얏트 서울 총괄 조리팀장
　　한국조리기능인 협회 이사
전) 한국조리중앙회 이사

1990년 Grand Hyatt Singapore 연수
1992년 Grand Hyatt Indonesia 연수
1994년 Grand Hyatt Hong Kong 연수
1994년 Park Hyatt Tokyo 연수
1992년 Grand Hyatt Singapore 연수
1999년 Hyatt Regency Koln Food Promotion
2001년 USA Alaska 주정부 초청 연수
2002년 Grand Hyatt Taipei Food Promotion
2002년 Australia Sydney Seafood Menu 연수
2004년 Grand Hyatt Beijing Food Promotion
2008년 USA Meat "광우병" 주제로 연수
2009년 Grand Hyatt Morocco Casablanca 국제 영화제 행사 참여
2010년 Shanghai Bund Hyatt Expo 행사

2013년 전국 곶감요리대회 심사위원장
2014년 대한민국 국제요리경연대회 심사위원
2014년 영주시장배 요리경연대회 심사위원장

2001년 서울 국제요리대회 Hot Food 부문 대상 수상
2001년 서울 국제요리대회 Cold Food 부문 금상 수상
2003년 서울시 용산구청장 자원봉사 대상 수상
2010년 "관광의 날" 문화부장관상 수상
2013년 전주비빔밥축제 전국요리경연대회 "대상" 농림축산식품부장관상 수상
2014년 전주비빔밥축제 전주시장상 행사 감사패